高等职业教育园林工程类"十二五"规划教材
省级示范性高等职业院校"优质课程"建设成果

园林设计基础

主编 李珍林

西南交通大学出版社
·成 都·

图书在版编目（CIP）数据

园林设计基础 / 李珍林主编. —成都：西南交通大学出版社，2014.2（2016.9 重印）
ISBN 978-7-5643-2877-1

Ⅰ. ①园… Ⅱ. ①李… Ⅲ. ①园林设计－高等学校－教材 Ⅳ. ①TU986.2

中国版本图书馆 CIP 数据核字（2014）第 022643 号

高等职业教育园林工程类"十二五"规划教材
园林设计基础
主编　李珍林

责 任 编 辑	张慧敏
封 面 设 计	墨创文化
出 版 发 行	西南交通大学出版社 （四川省成都市二环路北一段 111 号 西南交通大学创新大厦 21 楼）
发行部电话	028-87600564　028-87600533
邮 政 编 码	610031
网　　　　址	http://www.xnjdcbs.com
印　　　　刷	四川玖艺呈现印刷有限公司
成 品 尺 寸	185 mm × 260 mm
印　　　　张	11.5
字　　　　数	284 千字
版　　　　次	2014 年 2 月第 1 版
印　　　　次	2016 年 9 月第 2 次
书　　　　号	ISBN 978-7-5643-2877-1
定　　　　价	49.00 元

图书如有印装质量问题　本社负责退换
版权所有　盗版必究　举报电话：028-87600562

省级示范性高等职业院校"优质课程"建设委员会

主　任　刘智慧

副主任　龙　旭　　徐大胜

委　员　邓继辉　　阳　淑　　冯光荣　　王志林　　张忠明
　　　　　邹承俊　　罗泽林　　叶少平　　刘　增　　易志清
　　　　　敬光红　　雷文全　　史　伟　　徐　君　　万　群
　　　　　王占锋　　晏志谦　　三　竹　　张　霞　　肖雍琴
　　　　　谢　婧　　毛　苹　　熊殿华

《园林设计基础》编委会

主　编　李珍林

副主编　张　玫　　游　涛　　黄家军　　吴世丽

参　编　张晓鸥　　康国珍　　胡　旺

　　　　　姜春子　　唐　欢

序

随着我国改革开放的不断深入和经济建设的高速发展,我国高等职业教育也取得了长足的发展,特别是近十年来在党和国家的高度重视下,高等职业教育改革成效显著,发展前景广阔。早在2006年,教育部连续出台了《教育部、财政部关于实施国家示范性高等职业院校建设计划,加快高等职业教育改革与发展的意见》(教高〔2006〕14号)、《关于全面提高高等职业教育教学质量的若干意见》(教高〔2006〕16号)文件以及近年来陆续出台了《关于充分发挥职业教育行业指导作用的意见》(教职成〔2011〕6号)、《关于推进高等职业教育改革创新引领职业教育科学发展的若干意见》(教职成〔2011〕12号)、《关于全面提高高等教育质量的若干意见》(教高〔2012〕4号)等文件,这标志着我国高等职业教育在质量得以全面提高的基础上,已经进入体制创新和努力助推各产业发展的新阶段。

近日,教育部、国家发展改革委员会、财政部《关于印发〈中西部高等教育振兴计划(2012—2020年)〉的通知》(教高〔2013〕2号)明确要求,专业设置、课程开发须以社会和经济需求为导向,从劳动力市场分析和职业岗位分析入手,科学合理地进行。按照现代职业教育体系建设目标,根据技术技能人才成长规律和系统培养要求,坚持德育为先、能力为重、全面发展,以就业为导向,加强学生职业技能、就业创业和继续学习能力的培养。大力推进工学结合、校企合作、顶岗实习,围绕区域支柱产业、特色产业,引入行业、企业新技术、新工艺,校企合办专业,共建实训基地,共同开发专业课程和教学资源。推动高职教育与产业、学校与企业、专业与职业、课程内容与职业标准、教学过程与生产服务有机融合。因此,树立校企合作共同育人、共同办学的理念,确立以能力为本位的教学指导思想显得尤为重要,要切实提高教学质量,以课程为核心的改革与建设是根本。

成都农业科技职业学院经过11年的改革发展和3年的省级示范性建设,在课程改革和教材建设上取得了可喜成绩,在省级示范院校建设过程中已经完成近40门优质课程的物化成果——教材,现已结稿付梓。

本系列教材基于强化学生职业能力培养这一主线,力求突出与中等职业教育的层次区别,借鉴国内外先进经验,引入能力本位观念,利用基于工作过程的课程开发手段,强化行动导向教学方法。在课程开发与教材编写过程中,大量企业精英全程参与,共同以工作过程为导向,以典型工作任务和生产项目为载体,立足行业岗位要求,参照相关的职业资格标准和行业企业技术标准,遵循高职学生成长规律、高职教育规律和行业生产规律进行开发建设。按照项目导向、任务驱动教学模式的要求,构建学习任务单元,在内容选取上注重学生可持续发展能力和创新创业能力的培养,具有典型的工学结合特征。

本系列教材的正式出版,是成都农业科技职业学院不断深化教学改革的结果,更是省级示范院校建设的一项重要成果,其中凝聚了各位编审人员的大量心血与智慧,也凝聚了众多行业、企业专家的智慧。本系列教材在编写过程中得到了有关兄弟院校的大力支持,在此一并表示诚挚感谢!希望本系列教材的出版能有助于促进高职高专相关专业人才培养质量的提高,能为农业高职院校的教材建设起到积极的引领和示范作用。

诚然,由于本系列教材涉及专业面广,加之编者对现代职业教育理念的认知不一,书中难免存在不妥之处,恳请专家、同行不吝赐教,以便我们不断改进和提高。

龙　旭

2013 年 5 月

前　言

设计基础是园林及风景园林相关专业的基础课程，对于职业能力和职业素养的养成起着重要支撑作用。设计基础能力在实际工作过程中占有及其重要的地位。一、从事园林景观的设计师们是以其科学的创造性思维和抽象的艺术表达方式来体现现代设计的崭新理念和多维的思维方式。二、从事园林景观现场施工的一线技术人员也需要运用较好的美学素养在现场进行二次创造。三、形式美的原理来源于生活，并作用于生活，因此掌握这门专业课程至关重要。

本书通过对造型基础、色彩基础、平面构成、色彩构成、立体构成由浅入深地学习与训练，让学生能够系统并熟练地掌握空间、比例、透视、造型以及艺术设计美的形式规律、理论，探求不同图形、图案造型的创新过程。培养学生建立设计观。本书在编写过程中注重加强与专业之间的联系，加大动手能力训练，从微观至宏观，从整体而局部，由思维到技能，从整体上发挥设计基础的综合作用，为学生进一步深造和开拓提供动力。

本书针对的是高职类园林及风景园林等相关专业的学生，并非艺术设计类的专业书籍。这类学生没有美术基础，学生的审美和艺术设计观并不成熟，加之课时总数的限制，不能学习到更多的内容。编者希望在短时间内让学生通过学习能够掌握基本的原理以及使其在专业领域内学会应用，因此本书的内容相对研究类的书籍更加的浅显和通俗易懂。

本书作为高职示范建设课改项目，李珍林老师作为该项目的负责人，承担了教材的大部分内容的编写，黄家军老师、游涛老师、吴世丽老师、张玫老师参与了本书部分章节的编写。感谢张晓鸥、康国珍、姜春子、胡旺、董娅各位老师为本教材编写提供的作品以及协助。

本书中如有不慎用到非公版的图片资料，请与作者联系，修订时标注作者名字或者删除相关资料。另，教材编写是非常严肃的工作，但由于编者水平和出版时间的限制，难免会有知识上的错误与遗漏，不妥之处还望同行和广大的读者将发现的错误告知作者，方便我们加以修订，不胜感激。

编　者
2013 年 12 月

目 录

上篇 造型与色彩基础

项目一 结构素描训练 ... 1
1.1 素描基础知识 ... 1
1.2 石膏几何体结构练习 ... 6

项目二 光影素描训练 ... 15
2.1 光影素描 ... 15
2.2 风景写生 ... 24
2.3 单棵植物写生 ... 25

项目三 色彩基础训练 ... 31
3.1 色彩基础 ... 31
3.2 水粉静物写生 ... 33
3.3 色彩风景写生 ... 41

下篇 构成设计与运用

项目四 平面空间构成训练 ... 46
4.1 平面构成形态要素训练 ... 46
4.2 形式美的法则与单位形的提炼、归纳 ... 58
4.3 单位形提炼与归纳 ... 63
4.4 构成形式 ... 68

项目五 二维空间色彩构成训练 ... 82
5.1 色彩要素的认知与训练 ... 82
5.2 色彩对比调和 ... 95
5.3 主题色彩与色彩情感训练 ... 110

项目六 三维空间造型训练 ... 128
6.1 浮雕半立体图形训练 ... 128
6.2 景观艺术设计中的点、线立体构成 ... 136
6.3 空间面的分割设计制作 ... 149
6.4 雕塑中块立体消减和添加的设计与制作 ... 158

参考文献 ... 173

上篇　造型与色彩基础

项目一　结构素描训练

教学目标： 掌握素描工具及材料运用；理解石膏体内在结构与表达

教学重点： 构图原则及对物体结构的表现方式；物体大小比例及空间透视关系

教学难点： 石膏几何体的构成与透视表现

课时： 15课时

授课场地： 多媒体教室

1.1　素描基础知识

一、什么是素描

素描是一种单色现象，无任何颜色与之搭配的一种画面。它可以是黑色、蓝色、灰色、绿色等单色绘制完稿的一张画面。

如图：

二、认识素描工具

我们常使用的素描工具有铅笔、炭精条、钢笔等。铅笔的类型有：H、HB、B、2B、3B、4B、5B 等。其中，H 类的铅笔笔芯比较硬，B 类的铅笔笔芯比较软。当然，B 前的阿拉伯数字越大笔芯越软，反之越硬；H 类则相反。

铅笔工具

棉柳木炭条

三、认识素描材料

素描材料如：素描纸、画板、画架、美工刀、橡皮等。

素描纸的类型很多，它给我们的感觉是比较厚，同时还分正反两面。而纸张的厚薄是用克数的多少来衡量的，克数越大纸张越厚。素描纸的厚薄并不是衡量纸张好坏的唯一标准，我们还得试用后，根据预想的画面效果及经济能力来购买纸张。

素描纸

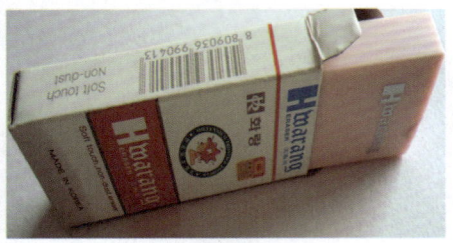

橡皮擦

画板

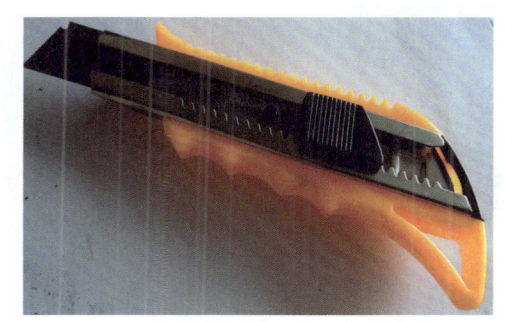
美工刀

四、线条表现及练习方法

要掌握好线条,首先得了解线条类型。线条类型有:单线条、组线条、长线条、短线条、平行线条、垂直线条、折线条、弧线条、水波纹线条、斜线条和自由线条等。

握笔方法有:横握式、悬臂式等。在绘画过程中,握笔的方式是根据画面的需要而灵活握笔,过于死板的握笔方式会使我们失去在绘画过程中享受的乐趣。

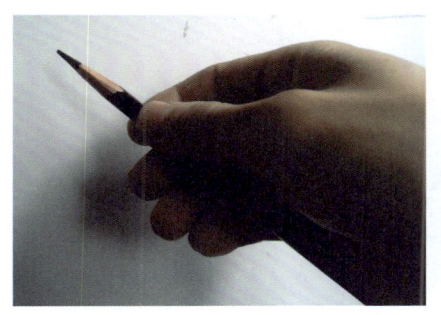
横握式

悬臂式

支点式

书写式

五、常用的线条表达方式

1. 练习平行线、斜线、交叉线、垂直线、弧线、曲线、自由线等

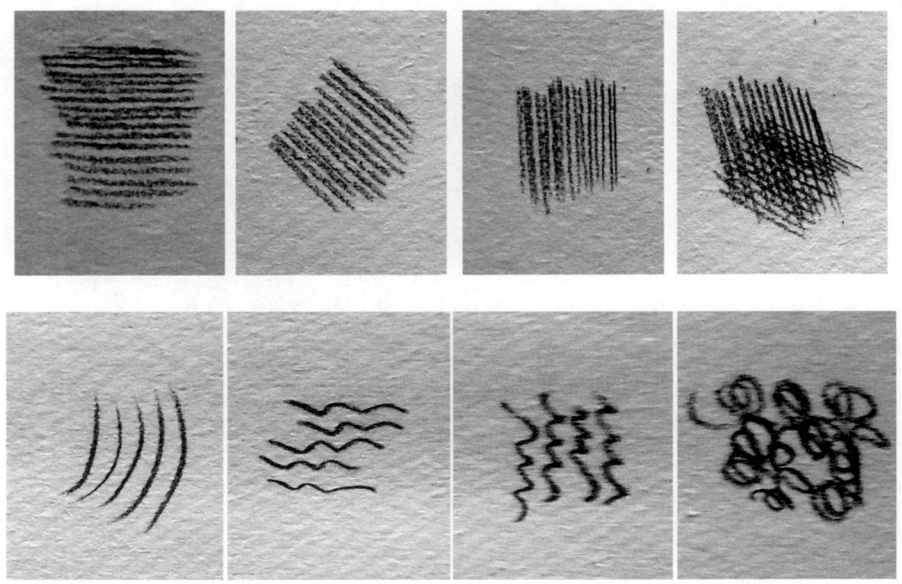

2. 用直线条和弧线条表现不同的物体

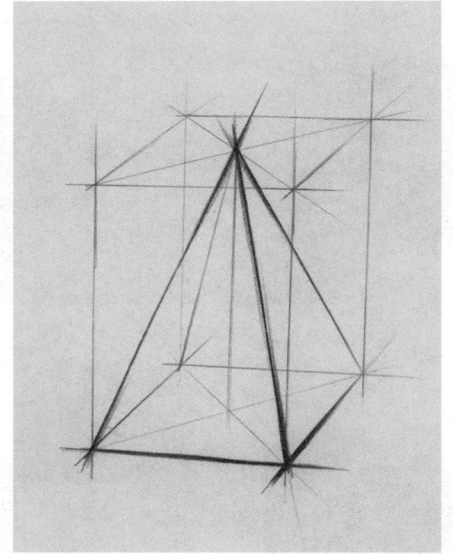

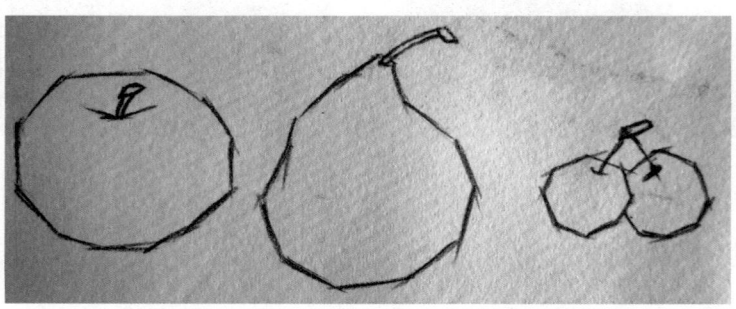

直线方式

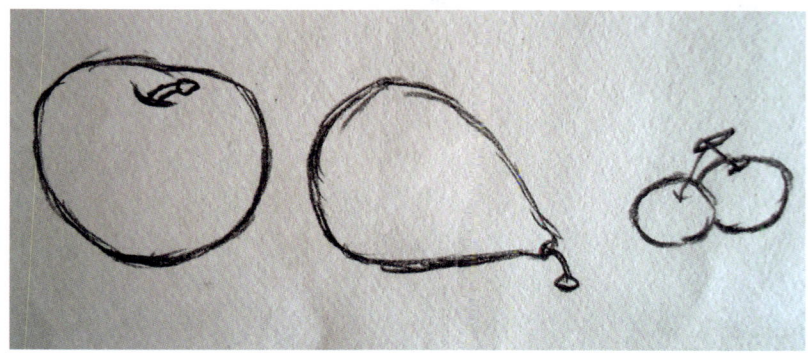

弧线方式

六、透 视

在表现物体时，需要掌握透视规律。透视又分一点透视、两点透视和三点透视。一点透视指在一个物体上只产生一个消失点，两点透视即在一个物体上产生两个消失点，三点透视具有三个消失点。

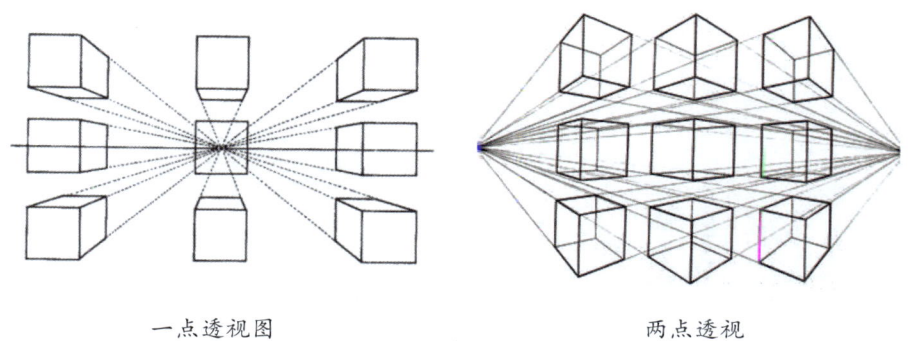

一点透视图　　　　　　　　两点透视

例：观察角度居中，朝一个方向观察长 2 000 m，宽 500 m 的一条巨形公路，分 A 头和 B 头。当你在 A 头看 B 头时，B 头很小，反之 A 头也很小，这便是透视现象，即一点透视。在此观察中我们还会清晰地感受到近大远小的透视规律。

近大远小

1.2 石膏几何体结构练习

石膏几何体形体结构规范,有方形、柱体、球体等。我们不难发现,在我们生活周围的物体都是由这些形体构成的。换言之,我们所见的所有物体形态都可以概括成几何形体。只要掌握了这些几何形体的表现方法,那其他的物体形态也就有法可寻。

在表现立方体时,需要注重观察方法和表现方法,观察方法用得最多的有:仰视、平视和俯视三种。

以下是一些石膏几何体及静物结构练习。

1. 单个不同型体的石膏几何体

圆柱体

(1)确定好圆柱整体高度及宽度。

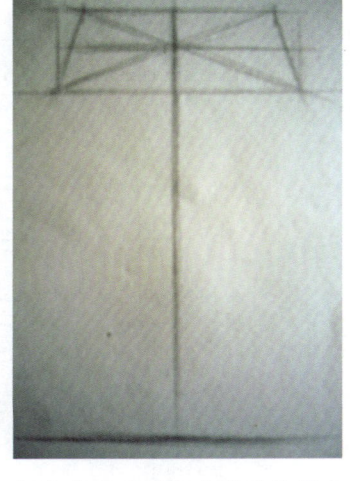

(2)表现出圆柱上部的透视方向。

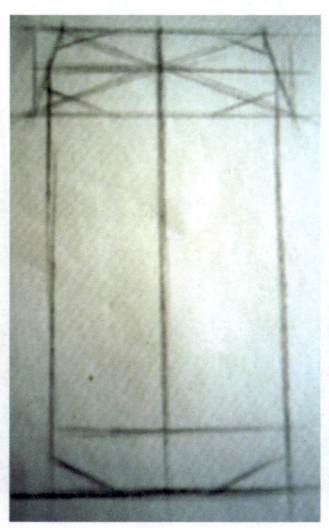

(3)用线条勾勒出圆柱的整体感觉。

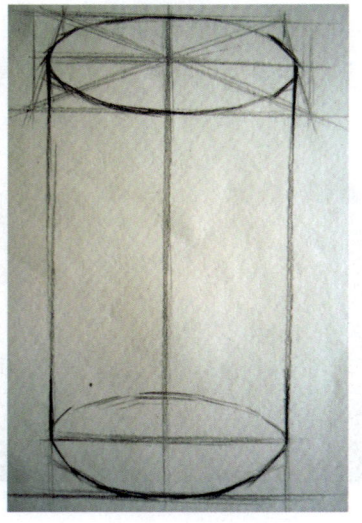

(4)过度好圆柱外形体。

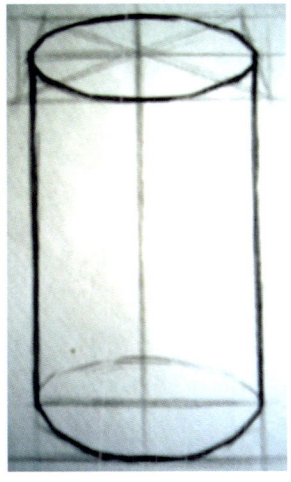

(5)强化圆柱转折处,定显圆柱形体。

四棱锥

(1)确定好高度并表现出四棱锥的下面部分。

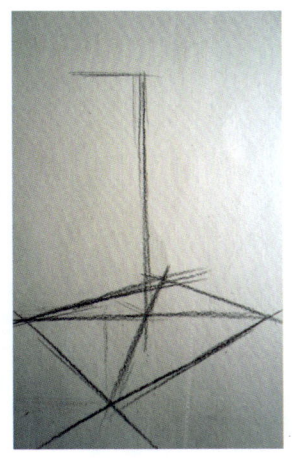

(2)找出四棱锥的中点及中心垂直线。

(3)从中心顶点分别连接四棱锥所能看见的三条棱线。

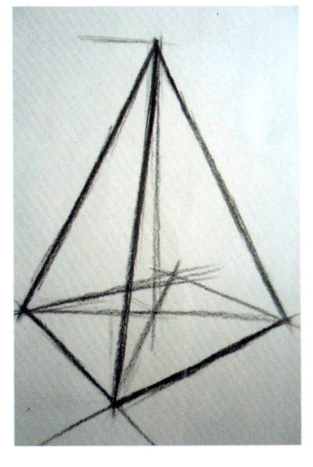

(4)强化边棱线。

2. 石膏几何体组合

石膏几何体组合实照

（1）仔细观察后，用线条勾出形体外轮廓。

（2）调整石膏几何体的结构。

（3）确定和加深轮廓线。

(4)简单的表现明暗关系(胡旺 作品)。

曾语画 作品

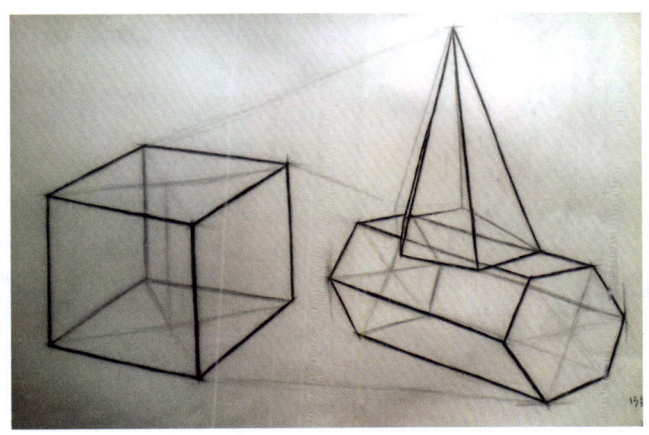

石膏几何体组合 许悦(指导:胡旺)

3. 器皿表现方式

酒杯

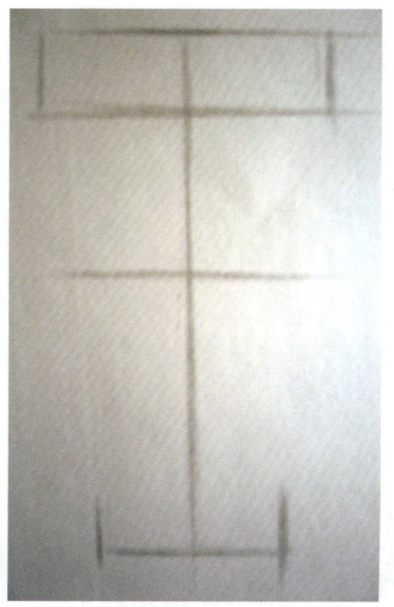

（1）定位高宽度。

（2）直线表现出物体的外轮廓关系。

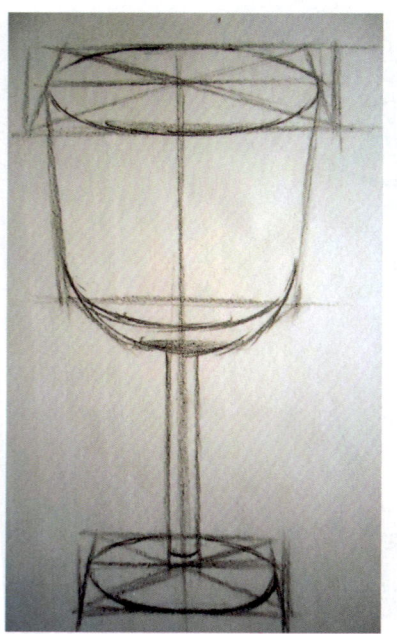

（3）过渡物体圆润度。

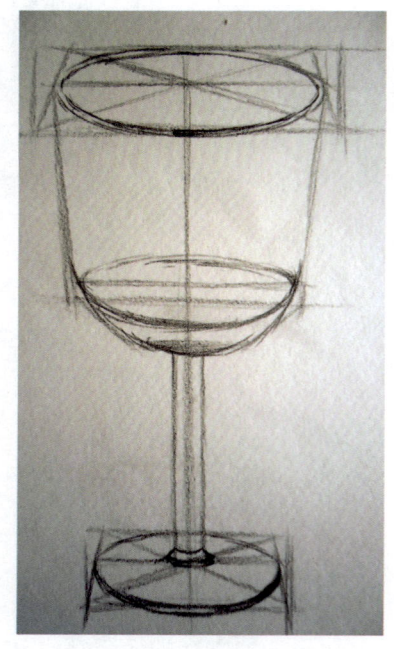

（4）找出物体的厚度及透视线。

（5）强化物体转折，增强视觉感。

花瓶

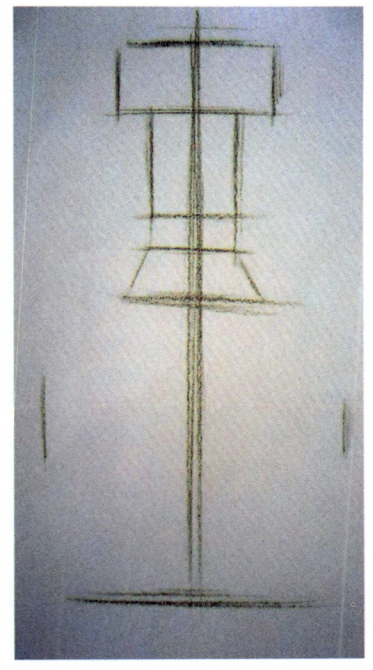

（1）找准结构形体关系。

（2）完善结构。

(3)强化结构型体。

4. 静物组合图

组合图 1

上篇　造型与色彩基础

组合图 2

组合图 3

静物+水果组合(胡旺 作品)

张念慈 作品

项目二　光影素描训练

教学目标：掌握明暗素描中的三大面及五大调；掌握风景写生观察角度、构图、透视与比例
教学重点：构图原则及对物体光影的表现方式；物体大小比例及空间透视关系
教学难点：正确表现光在调子中产生的微妙变化；自然风景写生与景观设计风景写生的能力转换
课时：15课时
授课场地：多媒体教室

2.1　光影素描

2.1.1　调子素描

表现调子素描是一种离不开光的素描训练。

光分自然光和人造光。自然光：指白天的太阳光及夜晚的星光等。人造光：指电灯光及人类发明并能产生主光源的物体。

"调子"是艺术家在绘画过程中使用的专用名词。只要具有体积的物体，它在自然光或人造光的环境中都会产生明暗变化，这一现象通过绘画者手中的铅笔在素描纸上表现出来。只要所表现出来的物体具有空间关系，就具有调子关系。

在绘画过程中，画面常常具备三大面、五调子。

三大面：黑、白、灰。

五调子：高光、反光、明暗交界线、中间调、投影。

在作画过程中，首先，确立画面主题，整体构图，对比构图，忌局部作画的方式。

在相同的受光环境下，不同的物体反光率和吸光率也有所差别。在表现调子的过程中，即使表现手法一样，因使用工具的不一样，最后得出的视觉效果也有所变化。

调子素描是建立在结构素描基础之上的，没有坚实的结构素描作基础，再漂亮的调子关系已等于零。且要有牢固的结构形体基础，我们进入调子素描才能进入第一个门槛。培养及强化思想意识，加大实践力度，是设计者打好基础的必经过程。

表现立体效果必须具备：高光、投影、反光、明暗交界线、中间调。

1. 石膏几何体结构

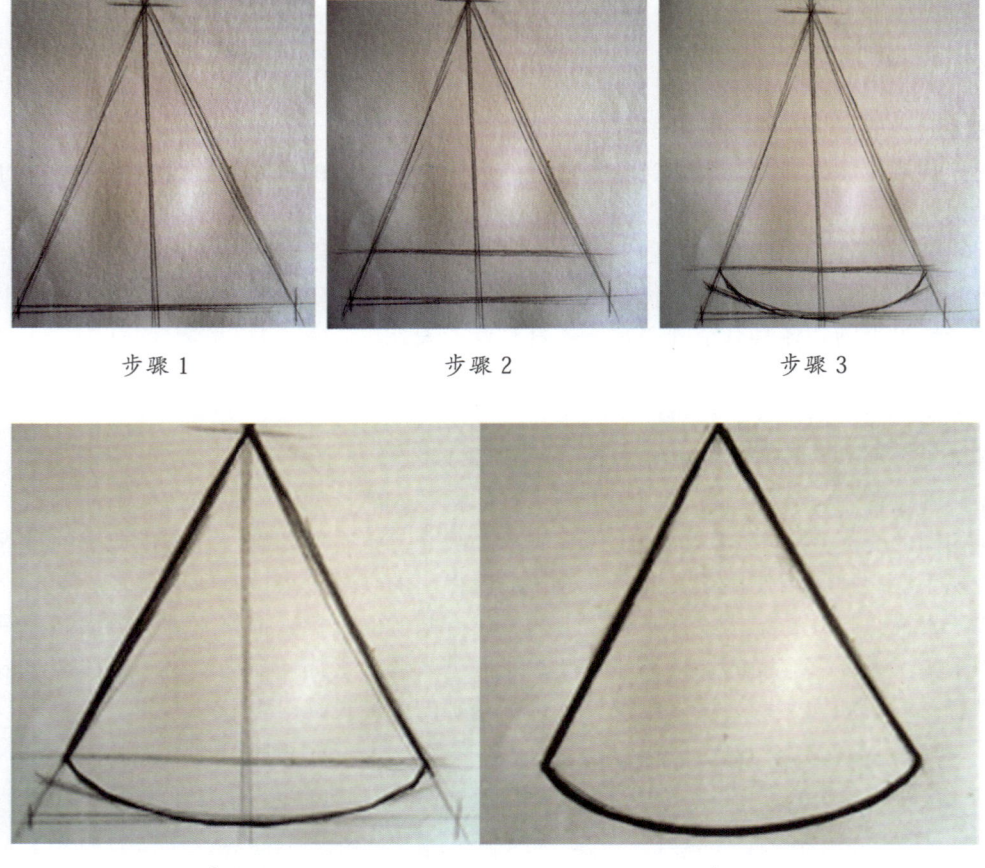

步骤1　　　　　步骤2　　　　　步骤3

步骤4　　　　　步骤5

2. 正方体光影表现

实物照片

（1）简单铺明暗关系，加上投影。

（2）加强三个面的黑白关系，加强明暗。

（3）深入刻画，将立方体画完整。交界线突出反光，并加上适当的环境。

石膏几何体组合（胡珏　作品）

石膏几何体组合 (唐欢 作品)

3. 静物单个水果表现

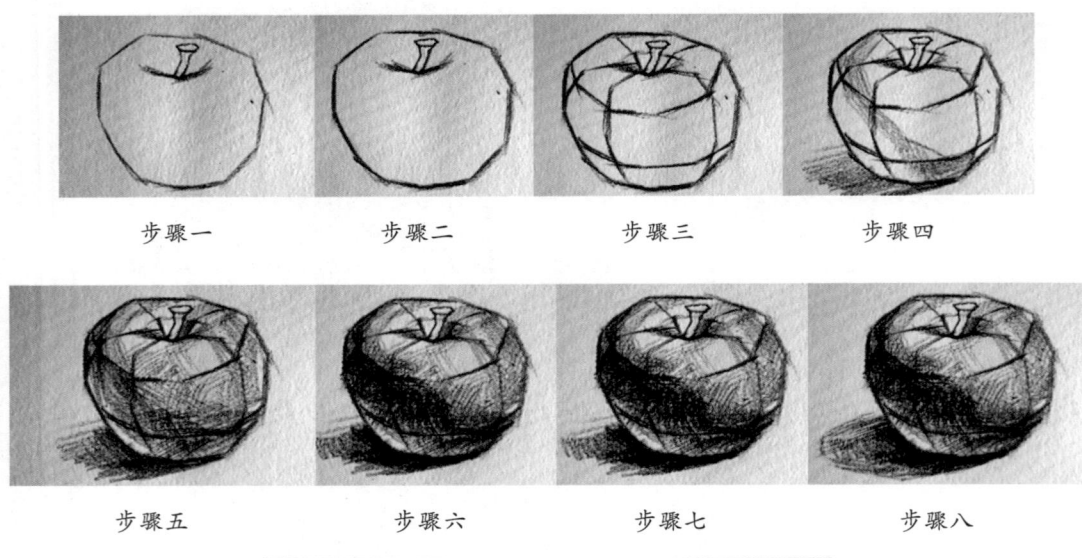

步骤一　　　步骤二　　　步骤三　　　步骤四

步骤五　　　步骤六　　　步骤七　　　步骤八

单个完整水果效果图

2.1.2 组合物体的光影素描

一、构图要求

构图时，应注重对静物组合体的取舍，同时把主要物体向黄金分割点靠近，以宁上勿下、宁方勿圆、宁脏勿净的原则来进行构图。

二、光源取舍

根据静物组受光情况，无论光源方向的多少，最终也只能选择一个方向的光源来进行构图。如果不统一好光源方向，画面调子关系也将显得凌乱，整个画面主体也无法彰显。

三、强化主体

强化画面主体，其实就是突出主题，以黑白灰的方式突显出画面的主体物，提高画面视觉冲击力，彰显画面风采。

四、绘画技巧

对于绘画者来说，绘画技巧在多数情况下就是熟能生巧，举一反三的学习过程而已。古训：勤能补拙。在学习的过程中，即使是没有基础的学生，只要勤奋，最终都会学有所获。

五、画面层次

画面层次的统一性和丰富程度来源于绘画者对静物组合的观察及表现，有的同学初始作画，把很黑的地方使劲用铅笔加深，而在加深的过程中却忽略了画面的对比性，从而使画面显得不协调。

其实，要想绘画出丰富的、耐人寻味的画面，在绘画前就得准备好不同类型的铅笔工具，根据画面的需要来使用铅笔。软铅笔会让画面显得朦胧，硬铅笔会让画面显得死板。作画时，以整体观察、整体构图、整体作画，层层叠加的绘画方式来完成作品。对于铅笔的使用，也应根据画面的不同质感来选择，这样才能表现出符合静物组中不同物体的质感。

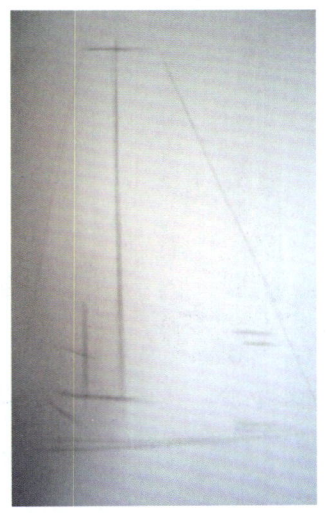

（1）三角形构图，找出物体高宽度。

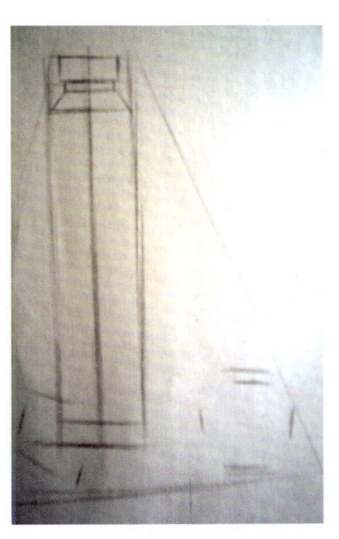

（2）用线条表现出物体基本形体。

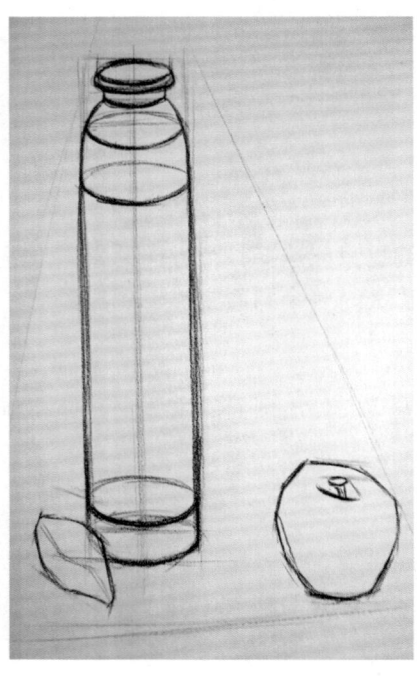
（3）从主体物明确结构。

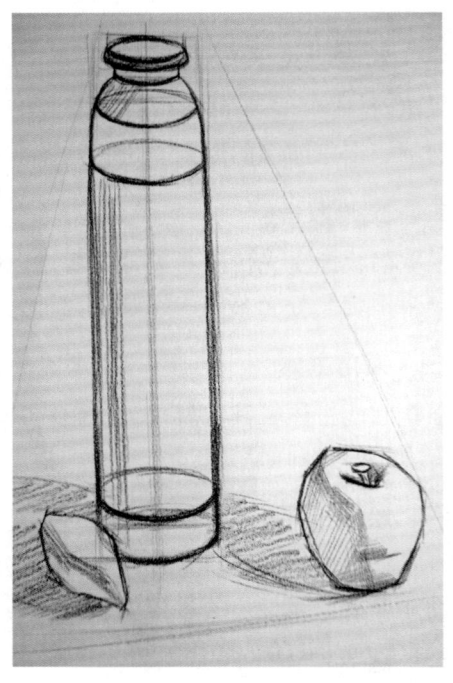
（4）肯定结构及透视线。

（5）表现出物体的明暗及投影关系。

（6）整体强化明暗关系表现出物体投影及高光。

吴瑶（指导：胡旺）

许悦（指导：胡旺）

张念慈 作品

马维 作品

蔡琳　作品

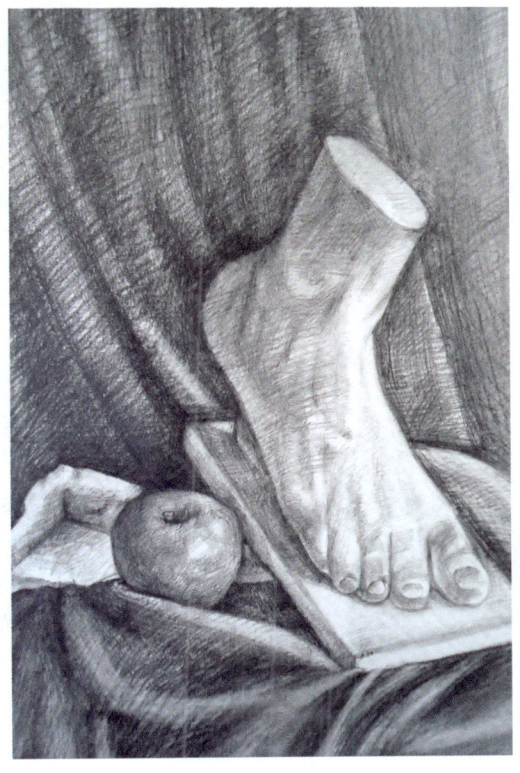

张念慈　作品

2.2　风景写生

一、选择构图角度

从构图角度来说，有仰视、俯视、平视。从构图景别来说，有特写、远景、近景、中景、全景、大全景。

仰视构图

俯视构图

平视构图

画面角度的美丑来源于绘画者的观察角度和对表现画面的取舍，它不在于色调的丰富程度，而在于选择构图角度的能力。其次才是色调的统一性和画面的空间层次关系。对于一幅优秀的作品，如果构图角度和空间层次没有彰显出来，也无法展示自然美带给观赏者的畅想之意，即使再丰富的色调最终也将化为零。

二、画面物体形体变化和画面空间透视变化

一幅漂亮的风景画，没有诸多形体的变化，再漂亮的色彩也显得有几分呆板，从而失去自然本身具有的灵气美。与此同时，在表现空间透视方面，需要注意两点：一是近大远小；二是近实远虚。强化主体，虚化陪衬体，彰显自然之灵气美。

三、归纳法

学会归纳画面元素，结合之前所学的点、线、面知识才能表现出一幅统一完整的画面。

点、线、面具有的场景

2.3 单棵植物写生

一、校外写生

我们从众多的植物中选择出一颗植物进行光影表现，并表现出它的体积感及厚重感，这一切都离不开光的存在，无光就无从谈影。物、光、影的统一存在才能完整地表现出植物的体积感和真实感。我们从单一的学习方式可以递进到更为复杂的学习过程中。

二、空间层次

校外风景写生过程中，环境本身层次及天气变化对视觉空间都有一定影响，处理好笔触关系，也可以表现出不同层次的画面。

三、取舍画面元素

在自然环境中，画面是否完整协调，在于学生的取舍能力。好的画面不在于多，而在于画面层次分明，主次得当，空间布局完整合理。

在表现的过程中，让画面最终呈现出一种独特的视觉效果。自然风景在一天中，在同一个视觉点上，都具有千变万化的效果。所以，同学们要勤练习，勤思考，在风景写生过程中就有很大的收获。

1. 单株植物线条写生

枝叶繁茂　　　　　　　　　　　　落叶后

2. 自然风景线稿写生

3. 单株植物及完整风景调子素描训练

（1）观察树木形体，概括出树的基本形体关系。　　（2）找出树的光源方向，表现出树的明暗关系。

（3）叠加明暗关系，强化体积感。　　（4）刻画树的细节，让画面色调统一完整。

4. 素描风景写生步骤

（1）注重透视及虚实。

（2）注重画面简洁明了。

(3)重墨强化画面,需要果敢大胆,并简洁明了。

(4)清透点笔触画面,凭彰显画面的空间感。

（5）重墨强化，需把握好受光及背光的自然感觉，同时需要合理经营画面构图。

项目三　色彩基础训练

教学目标：掌握色彩工具及材料运用；理解色彩基础知识与表达
教学重点：色彩基础知识与水粉颜料的综合表现
教学难点：色彩的辨识能力与表现；色彩的归纳写生能力
课时：30课时
授课场地：多媒体教室

3.1　色彩基础

一、工具及材料

1. 水粉颜料

水粉颜料分瓶装、锡管装等。

2. 画笔

水粉画的重要工具之一"画笔",画笔有：水粉笔、水彩笔、底纹笔等,在这些笔中,又分狼毫、羊毫、猪鬃等材质。

3. 画纸

水粉画一般使用专业水粉纸,同时也可以使用水彩纸、素描纸、白卡纸等其他类型的纸。

4. 颜料盒及调色盘

颜料盒是专门盛装颜料的盒子,有12格装、18格装等。调色工具也有专门作为调色使用的工具"调色盘",调色盘在形式上分椭圆形和方形等。

排笔

水粉颜料

 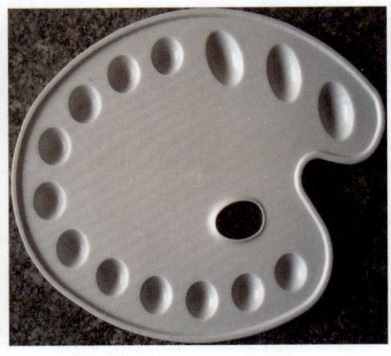 

水桶　　　　　　　　　　调色盘　　　　　　　　　　颜料盒

二、色彩基础知识

颜色有着不同寻常的魅力。整体来看，颜色有冷暖之分，因颜色差异，不同的颜色在不同的区域环境中代表着不同的象征意义。

颜色与人的性格及性别有直接或间接的联系，不同的颜色代表着不同人的性格，并彰显着人的个性及对色彩的理解。

颜色的冷暖是视觉与内心世界的一种磨合，得出的一种色彩心理感受的信号。

1. 原色

原色是色彩系列中的基本色，也是色彩系列里的其他任何颜色都调配不出来的颜色。同时，它可以按照不同比例调配出白色以外的其他颜色。

原色即主色，又名"三原色"，分别是红、黄、蓝三色。

2. 间色

间色是原色当中的任意两种颜色相配后调配出来的颜色。

3. 复色

间色与间色，间色与原色再调配所产生的颜色叫复色。

4. 补色

三原色中的一色与相对应的间色互为补色。

三、色彩形成的客观要素

1. 固有色

在日常生活中，人们根据视觉经验和观念决定的基本色，我们叫固有色。

2. 光源色

由不同的光源发出的光，根据光源光波的长短、强弱形成的不同色光，叫光源色。

3. 环境色

光线的反射作用所引起物体色彩的变化，这种颜色叫环境色。

四、色彩三要素

1. 色相
色相是指色彩的外貌特征，是不同色彩在视觉上产生的不同感觉。

2. 明度
明度指的是色彩的明暗深浅程度。

3. 纯度
纯度指色彩的鲜艳饱和度。

五、色彩推移

完成单色、间色、复色渐变推移。在推移过程中，应注意色彩的厚薄及色彩与色彩之间的衔接度，并注意其画面的构图和完整性。

3.2 水粉静物写生

一、构图

水粉写生与素描写生构图方式一样，从构图角度来说，有仰视、俯视、平视。让一幅画面显得漂亮和稳定，首先，为画面确立一个主题，并让画面中的物体向黄金分割点靠近。画面通常有"S"形、三角形、对角、平行等构图的方式。同时，我们还要以宁上勿下，宁方勿圆的方法来指导构图。

二、写生步骤

水粉静物写生前是素描构图。用构图练习单个的静物体时，找出它们的明暗关系及体积对比。写生步骤如下：

（1）用铅笔构出静物空间结构关系；
（2）找出静物明暗交界线；
（3）用单色与水相调，根据颜料的浓淡关系，表现画面的黑白灰空间关系。

1. 单色静物写生步骤

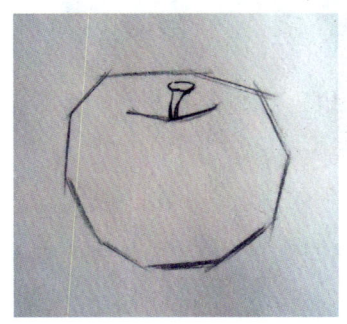
（1）直线打形。

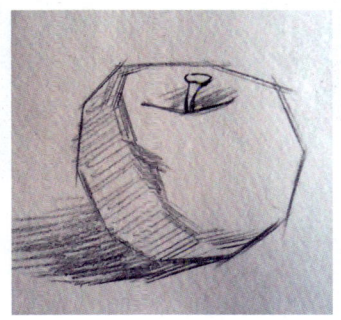
（2）找出明暗交界线。

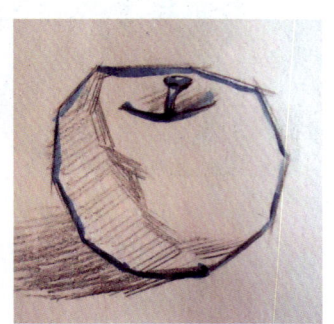
（3）用单色勾勒出型体。

（4）用单色表现出明暗关系。　（5）用白色与普蓝相调找出受光面色调关系。　（6）刻画细节。

2. 单个水果色彩写生步骤

（1）用普蓝打出型体及明暗交界线。　　　（2）用物体的固有色表现出受光及背光。

（3）大胆用色，表现出物体体积感。　　　（4）刻画物体细节，让色调统一完整。

实物照片

（1）单色绘制物体轮廓线，并表现出物体明暗关系。

（2）用物体的固有色表现出受光及背光。

（3）刻画物体，表现体量感。

（4）环境以及背景的塑造。

（5）刻画高光，调整完成。

三、学生习作

1. 西红柿与苹果

西红柿

苹果

2. 陶罐

（1）绘制物体轮廓线。

（2）单色表现出物体明暗关系。

（3）固有色与环境色表现。

（4）刻画高光，调整完成。

四、组合物体单色写生步骤

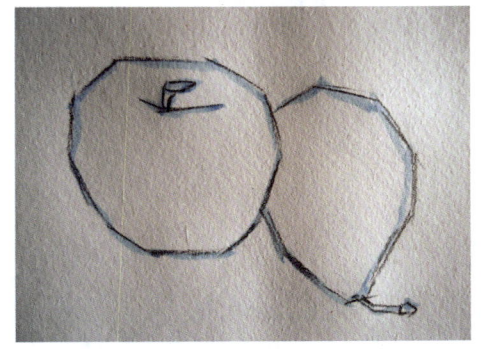

图 1

图 2

图 3

图 4

五、组合静物写生步骤

1. 陶罐与水果

（1）用单色勾出物体轮廓。

（2）铺大色调，表现出物体固有色。

（3）对物体质感的刻画与表现。

（4）细部处理，调整完成。

2. 水果与衬布

实物照片

（1）勾出物体轮廓，用色要注意，造型要准确。

（2）用单色铺出大的明暗调子。

（3）铺色调，表现出物体固有色。

（4）整体观察，注意色彩透视变化和画面的整体感。　（5）对物体质感、花色等的处理与表现。

（6）深入刻画，细部处理。注意整体画面要处理好，杂乱的东西要除去。

优秀作品

杨坤　作品（指导：姜春子）

尹福琴（指导：胡旺）

吴强（指导：胡旺）

陈红　作品

唐楷　作品

杨芳　作品（指导：姜春子）

游佳琳　作品（指导：姜春子）

3.3　色彩风景写生

　　风景写生是最具有灵性的一种绘画方式，是绘画者直接面对大自然交流的一种对白形式，同时也可以检验绘画者的读画能力和表现能力。因自然是随季节的变化而变化着的。有时候，自然固有的纯净美还因画者的主观性而决定，展示出来的画面也因心情的好坏决定。最重要的是，绘画在使学生提高知识的同时，还能培养学生的审美能力及创新能力。

一、风景写生注意事项

（1）明确写生主题。

（2）先观察，后根据画面主题取舍并整体构图。

（3）概括画面物体及色彩关系，最终使画面色调统一完整。

（4）强化色彩对比，彰显空间层次感。

二、单色颜料写生

（1）用铅笔勾线，简单明了便可。（2）用单色在铅笔勾线的基础上着色。（3）明确受光及背光。

（4）根据画面需要叠加色。　　　　　（5）强化受光及背光的过渡性，突显画面空间感。

水粉颜料色彩写生作品

游佳琳　作品（指导：姜春子）

邱丹 （指导：胡旺）

唐欢　作品

下篇　构成设计与运用

项目四　平面空间构成训练

教学目标： 掌握平面构成的形态要素、形式美法则、单位形体归纳以及构成形式的概念、形态及运用

教学重点： 形态要素、形式美法则、单位形体归纳以及构成形式在园林景观设计中如何运用

教学难点： 单位形体归纳以及构成形式的提炼与表达

课时： 20课时

授课场地： 多媒体教室

4.1　平面构成形态要素训练

观察

大千世界，林林总总，都由点、线、面、体构成形态存在。我们仔细地观察分析就不难发现，你眼前的山、水、建筑、植物、道路等多种景观都是由它们构成。

设计源于观察。观察是对客观事物所进行的查看，是人们认识事物的基础阶段，也是人们学习、研究的第一步。设计不是纯艺术，它是美学与技术的结合，是有目的的创造性活动。在设计活动中我们要先学会观察，要注重观察力的培养，在不断的观察中获取第一手资料。只有在观察中不断认识和总结认识，才能实现认识从感性到理性，从现象到本质的转变。

天空中的飞鸟成散点分布

错综复杂的树枝形成交错的线

由水珠构成的水面

金黄的麦田成块排列（董娅 摄）

思考

观察才能发现问题，思考能让我们更好地解决问题。作为设计者，思考尤为重要。在我们学会观察后还要对对象进行分析、综合、推理、判断。

上文中，我们知道大千世界都是由点、线、面等元素构成的。虽然天上的星星在我们眼里看起来只是一个非常小的点，可是它的体积很多都大于地球，我们应该把它看成点吗？具体到每个要素，点有固定的大小或大小范围吗？圆的才是点吗？点的形态又有哪些？不同的点在不同的位置会有不一样的效果吗？由点连成的线应该看成点还是线？线有固定的长度或长度范围吗？又有哪些不一样的线型？不同的线型在运用时会有什么不同吗？面有固定的面积或者是面积范围吗？又有哪些不一样的面型？不同的面在运用时会有什么不同吗？具体到园林景观设计中的这些要素又是如何构成？每个要素有着什么样的联系？景观中孤植树是点，那道路两旁的行道树以及连成一片的树阵呢？只有正确地理解了点、线、面、体以及它们相互组合的关系无论我们在做任何的形态设计时都会得心应手，事半功倍。带着这些问题，我们进入本阶段的学习。

阐述

通过观察和思考，我们发现园林景观中的山、水、建筑、植物、道路都是由简单的点、线、面构成的。点是最小的单位，是构成一切事物的基础，点的移动构成了线，而线的移动又构成了面。点、线、面都有不同的形态，也就有了不同的特征，了解这些我们才能更好地将其运用于设计中。

一、点

1. 点的定义及形态

点表示位置，它既无长度也无宽度，是最小的单位。点是一切形态的基础，点是线的开端和终结，是两线的相交处及面或体的角端，是具有空间位置的视觉单位。从宏观到微观，从具象到抽象，点的形态随处可见，并且是多样的，圆形、方形、三角形……点超过一定的限度就会变成面。

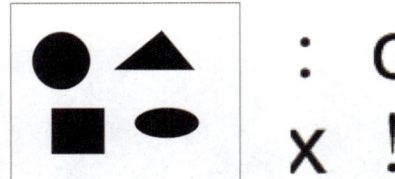

各种不同形状的点

  点的概念只是相对的，它在比较中存在。在浩瀚的宇宙中我们生活的地球是点，仰望星空，繁星是点；在园林景观设计中，那些高低错落的树木、孤赏石、亭、塔、楼、阁、台凳、汀步、石矶等所处的位置不同观察点不同，在设计师的笔下是大小不同的点的形态。

点状分布的小白花

公园里水边的石头呈点状分布

连续虚线点构成的花坛

点状的喷泉构成的面（迪拜塔公园设计）

2. 点的特性及情感表达

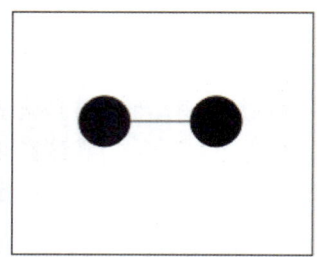

两点移动连成一条线

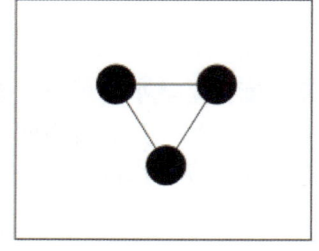

三点形成三角形的面

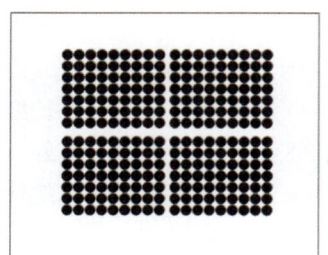

实点、虚点形成的实线与虚线

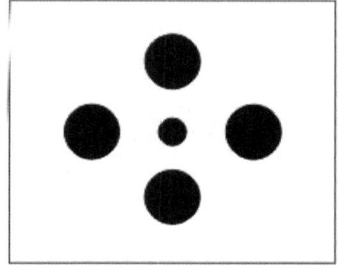 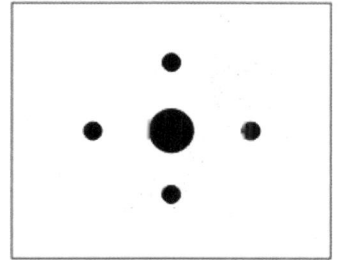 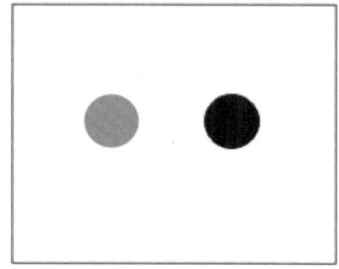

大点和小点组合在一起时给人感觉大点更大，小点更小　　注意力习惯从实点到虚点的转移

各种点的构成：优秀学生作品（指导：李珍林）

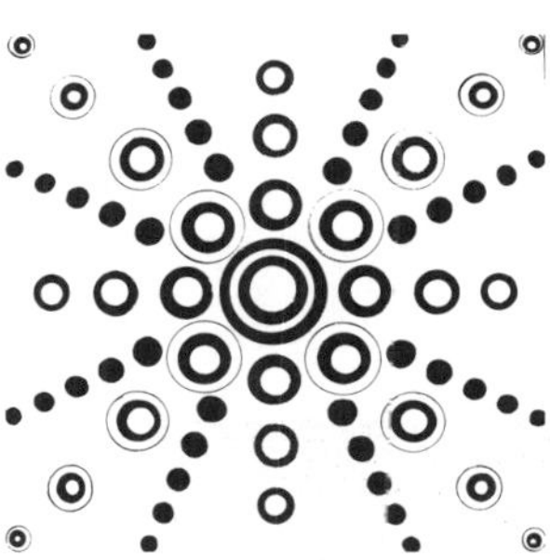

杨梅 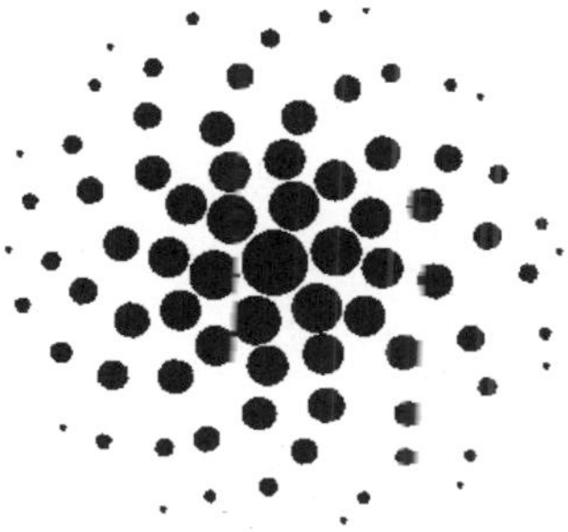　　　　　　　　　　　罗成东 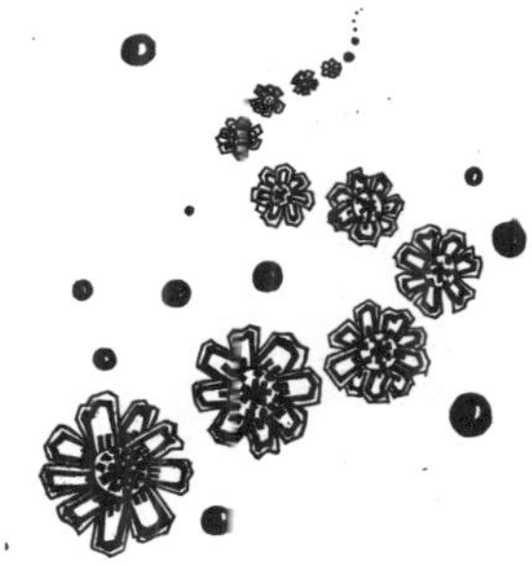　　　　　　　　　　　张园

骆程 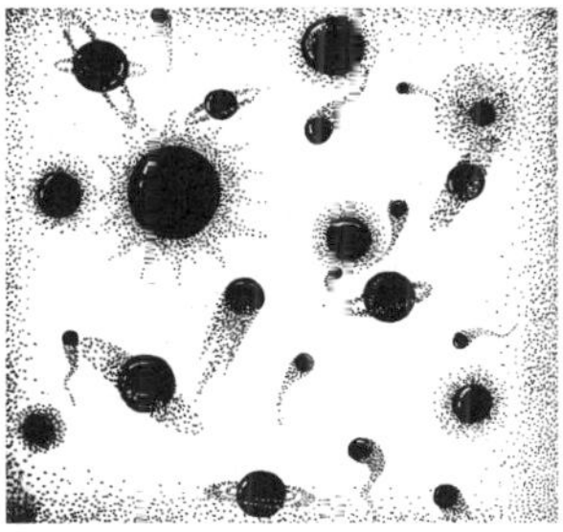　　　　　　　　　　　田文芷　　　　　　　　　　　张园

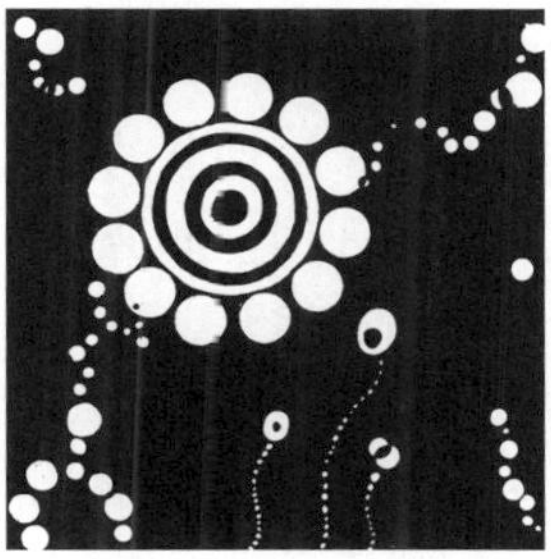

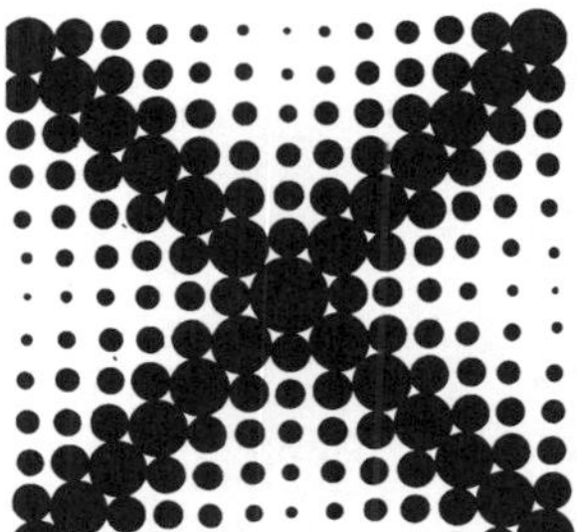

刘阳 　　　　　　　　　　　郭林 　　　　　　　　　　　邓颖

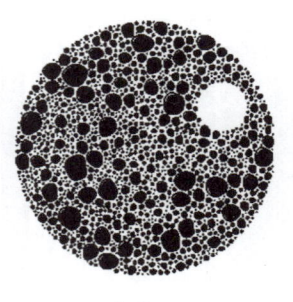
王亮

刘松

文静

二、线

1. 线的定义及形态

线是点移动的轨迹，线也是一切面的边缘与面的交界。在平面构成中线既有长度又有宽度和厚度。点的大小以及移动的方向等改变表现出的视觉特征线可以分为直线、曲线、折线等。直线有水平直线、垂直线、斜线；起点的大小决定了线的宽度，有粗线也有细线，宽度不同线条的力量和速度感又不同。

2. 线的特性

直线是一种抽象的线性，是男性的象征，它具有纯粹性的特点，充满力度，不亲切，不自然，易使人产生疲劳感。粗的、长的实直线给人以向前的突出感，感觉较近；细的短的虚直线给人以后退感，感觉较远。在园林设计中直线常用于规则式园林、道路绿化带以及自由式园林的设计。水平直线无明显方向性，具有平衡感给人以平静、稳定开阔、统一的感受。广阔无垠的草原、碧蓝寂静的天空、平静的湖面都有水平线的身影。垂直线会给人以挺拔向上感，它代表尊严、永恒、权力端庄、严肃。巍峨的山峰、高耸的纪念碑是它的代表。倾斜线有多角度和方向性的特点，具有动感，给人以活跃、运动、奔放、危险和毁灭的心理感受。放射线给人以扩展以及舒展的感受，它更具爆发力，如太阳穿过密林的光线，生长旺盛的剑兰。

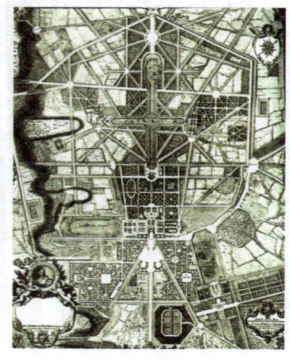
凡尔赛宫平面设计

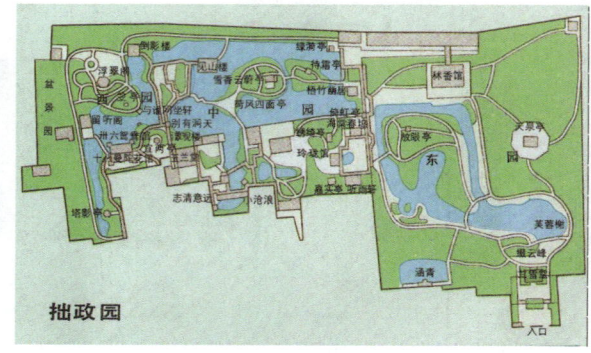
拙政园平面图

纪念碑垂直的线条让人产生肃穆感　　建筑立面斜线的装饰给人以动感（唐欢　摄）

曲线分为几何曲线和自由曲线，具有女性的情感特征。曲线中的几何曲线常有椭圆曲线、抛物线、旋涡线等，给人以规律性强、有弹性、理性等感觉。自由曲线通常为徒手绘制，自由奔放、富有鲜明的个性。

迪拜塔公园设计

澳大利亚皇家植物园设计

新加坡皮克林宾乐雅酒店设计

古城公园绿地平面图设计

各种线的构成（优秀作品）

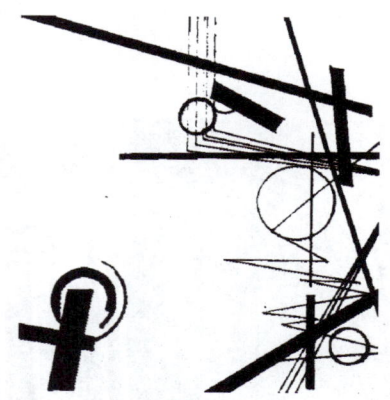
曲线与直线的对比（罗阳）

粗细不同的直线对比（田文萍）

自由曲线（罗阳）

自由曲线（许怡）

自由曲线（田文萍）

直线与曲线对比（张园）

线的面化（张园，指导：李珍林）

线的面化（张园，指导：李珍林）

三、面

1. 面的定义及形态

面是线移动的轨迹或者是由浓密有致的点形成。面有位置、长度、宽度但无厚度，有方向性。长直线平行移动成方形，回转移动成圆形，倾斜移动为菱形。相对于点和线来说，面更容易被捕捉，所以面的形状对画面的整体效果影响要大。

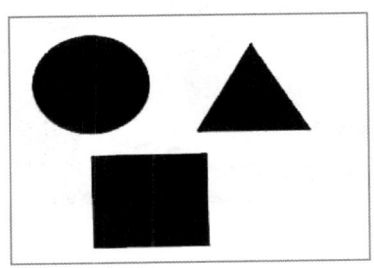
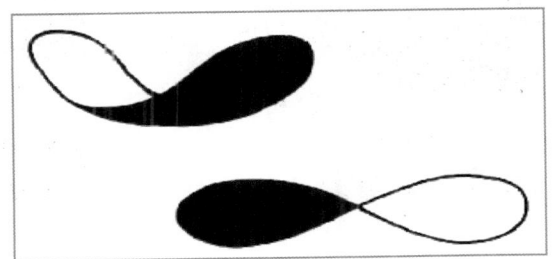

园林景观中，高低错落的树木、孤赏石、亭、塔、楼、阁、台凳、汀步、石矶是点状要

素，园路、溪流、驳岸线、林冠线、林缘线、围墙、长廊、碑塔、栏杆、曲桥是线状要素，那么水面、场地、草坪、树林、建筑群的形态就是面。

跌水形成的不同形状的面

错落有致的屋面（董娅 摄）

平静的水面

平坦的草地（李珍林 摄）

2. 面的形态及心理特征

面的形态可以分为直线形面、曲线形面和自然形态的面。

直线形面具有直线所表现的心理特征。直线形面规律而整齐，具有简洁、秩序的美感。

曲线形面分为几何曲线形面和自由曲线形面。几何曲线比直线柔软，有数理性，有秩序感，如圆形面、椭圆形面。

自由形态的面由不规则的面构成，形式自由活泼、变化多样。

水面、花坛规则的面（李珍林 摄）

湖、岸曲面设计

苏州博物馆面的构成(李珍林 摄)

各种面的构成(优秀作品)

骆程(指导:李珍林)

罗阳(指导:李珍林)

秦一天(指导:李珍林)

周丹(指导:李珍林)

张圆（指导：李珍林）

田文萍（指导：李珍林）

许怡（指导：李珍林）

张圆（指导：李珍林）

练习

1. 寻找"点""线""面"

记录在校园中或周围景观中你所看到的点、线、面，3人一组，请每组同学在 A4 纸上整理出 15 个不同的点形、线形、面形，课后完成。

2. 任意点、线、面的创作练习

根据整理完成后的点形、线形、面形选择用任意点、线、面创作三幅图形，尺寸为 10 cm×10 cm，完成后装裱在 8 开黑卡纸上，课堂完成。

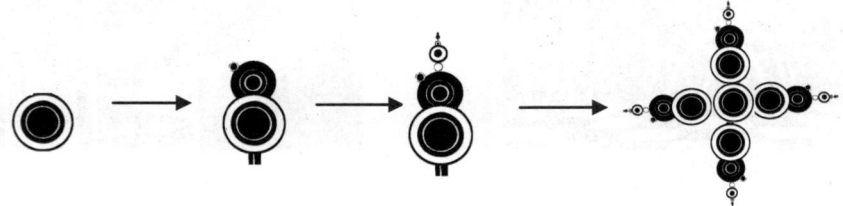

3. "点""线""面"的提炼、归纳

从各种印刷品、网络等途径寻找素材（最好是与园林景观要素相关），从中提炼出点、

线、面图形各4个,尺寸为10 cm×10 cm,完成后装裱在8开黑卡纸上,课堂完成。

4. 点、线、面构成要素素材搜集

课后用相机和网络搜集园林景观设计中具有点、线、面元素的素材,3人一组制作成演示文稿,每组不少于30张,在课堂分析讲解,展示不少于5分钟。

5. 点、线、面的综合构成

通过对点线面的学习理解,用点、线、面完成一幅综合性的构成作业,要求作业画面构成形式感强,画面和谐整洁,点线面穿插运用,表现明确,具有创意,尺寸为18 cm×18 cm,完成后装裱在4开黑卡纸上。

刘文松(指导:李珍林)

张园(指导:李珍林)

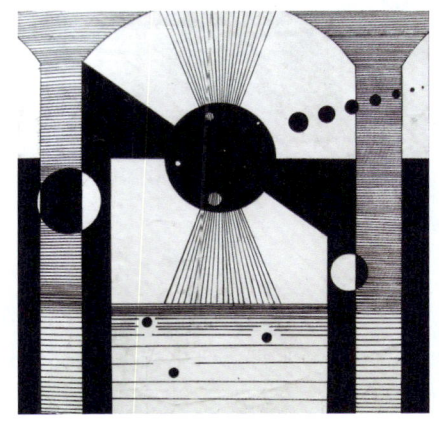

秦一天(指导:李珍林)

甘骏宇(指导:李珍林)

龙在权（指导：李珍林）

贺贤碧（指导：李珍林）

4.2 形式美的法则与单位形的提炼、归纳

观察

我们身边的建筑、园林、景观它们以什么样的形态矗立在我们眼前，又如何使周边的环境发生着怎样的变化？

对称的景观设计

具有节奏感的设施

思考

美是怎样产生的？景观中的植物花草以怎样的形态呈现在我们的视野中？园林中的造型要素有哪些？这些造型要素在空间中的排列关系如何？它们怎样排列会产生美的形式？那什么是形式美？形式美法则又有哪些？带着这些问题我们进入这章的学习。

阐述

对形式美的追求，几乎是任何艺术学科的共同的课题。在日常生活中，美是每一个人的精神享受和目的。人们的衣食住行及社会化的生活活动，都离不开精神和物质方面的创造。

当你接触到任何一件事物会对它进行判断时，它的存在价值、合乎逻辑的内容和美的形式必然要求我们同时面对。

形式美法则是人类在创造美的形式、美的过程中对美的形式规律的经验总结和抽象概括，主要包括：对称均衡、单纯齐一、调和对比、比例、节奏韵律和多样统一。研究、探索形式美的法则，能够培养人们对形式美的敏感，指导人们更好地去创造美的事物。掌握形式美的法则，能够使人们更自觉地运用形式美的法则表现美的内容，达到美的形式与美的内容高度统一。

在现实生活中，由于人们所处的经济地位、文化素质、思想习俗、生活环境、价值观念等的不同，因而产生了不同的审美和追求，然而单从形式条件来评价某一事物或某一造型设计时，对于美或丑的感觉却往往使大多数人对规律性的东西，存在着一种相通的共识。这种共识并不是凭空想象出来的，而是人类社会从长期的生产和生活的实践中积累的，比如当我们看到了草原、大海、地平线，会产生开阔、舒缓、平静的等形式感；再如古埃及的金字塔已正三角形给人以稳定、安全、坚固的感受，而倒立的三角形就会有相反的感觉。这些源于生活积累的共识，使我们逐渐发现了形式美的诸多要素，因此形式美的诸要素在构成设计中则更加具有它重要的意义。

下面择要阐述：对称与均衡、统一与变化、对比与调和、比例与尺度、节奏与韵律、联想与意境。

1. 对称与均衡

对称在图案设计里又叫均齐。假定在某一图形的中央设一条垂直线，将图形分为相等的左右两部分，其左右两部分的形量完全相等，这个图形就是左右对称的图形，这条垂直线称为"对称轴"。对称轴的方向如垂直转换成水平方向，图案则变成上下对称。均衡是在不对称中求平稳。均衡可分为调和均衡和对比均衡两大类，调和均衡是指同形等量，即在中轴线两面所配列的图形的形状、大小、分量相等或相同。除图案造型的均衡外，还有量的均衡、色的均衡。

成中轴对称设计的泰姬陵

中轴对称设计建筑景观

景观石均衡的分布

景观石均衡的分布

2. 统一与变化

爱因斯坦指出：宇宙本身就是和谐的。和谐的广义解释是：在表现半段两种以上的要素，或部分与部分的相互关系时，各部分给我们的感受和意识是一种整体与协调的关系。和谐的狭义解释是统一与对立两者之间不是乏味单调或杂乱无章。单独的一种颜色，单独的一根线条无所谓和谐，几种要素具有基本的共通性和融合性才称为和谐。任何一个完美的图形必须具有统一性，这种统一性越单纯，越有美感。但只有统一而无变化，则不能使人感到有趣味，美感也不能持久，这是因为缺少刺激的缘故。变化是刺激的源泉，有唤起兴趣的作用，但变化也要有规律，无规律的变化会引起混乱和繁杂。因此变化必须在统一中产生。

建筑的穹顶曲线造型的统一与变化

大桥线性造型的统一与变化（董娅 摄）

3. 对比与调和

对比又称"对照"。把质或量反差甚大的两个要素成功地配列于一起，使人产生到鲜明强烈的感触而仍具有统一感的现象称为对比。对比关系主要通过色调的明暗冷暖，形状的大小粗细、长短、方圆，方向的垂直、水平、倾斜，数量的多少，距离的远近疏密，图底的虚实、黑白、轻重，形象态势的动静等多方面的因素来达到。对比手法对于海报设计、橱窗设计、展示设计等具有更强大的实用效果。在设计中，对比与调和应用极广，如在大小、方向、虚实、高低、宽窄、长短、凹凸、曲直、多少、厚薄、动静以及奇数与偶数的对比上均有表现。对比是图形取得视觉特征的途径，调和是完整统一的保证。

叶子形状数量大小的对比

郁金香的颜色对比，花与树的高低对比

花与石块的材质、颜色对比　　　　　　植物与花形态的曲直、高低、色彩的对比

4. 比例与尺度

任何一个完美的图形都必须具备协调的比例尺度。常用的比率有整数比、相加级数比、相差级数比、等比级数比、黄金比等。设计不能孤立和片面地理解，因为一个图形的设计，往往要综合利用多种法则来表现。这些法则是相互依赖、相互渗透、相互穿插、互相重叠、相互促进的，随着时代的变化，审美标准、设计手法也在不断发展。

场地与建筑的比例关系　　　　　　花纹图案与草坪的比例关系

5. 节奏与韵律

节奏本是音乐中音响节拍轻重缓急的变化和重复。节奏这个具有时间感的用语在构成设计上是指以同一要素连续重复时所产生的运动感。韵律原指诗歌的声韵和节奏，诗歌中，音的高低、轻重、长短的组合，均称为间歇或停顿。平面构成中单纯的单元组合重复、单调，由有规则变化的形象或色群间以数比、等比处理排列，使之产生音乐、诗歌的旋律感，称为"韵律"。有韵律的构成具有积极的生气，会加强其魅力。节奏是韵律的条件，韵律是节奏的深化，节奏也就是"律"。设计元素有规律地重复并穿插着一定的变化就会造成视觉上的动感和节奏，这种运动如有规律，则称之为"律"。对大小、疏密、粗细、曲直、方位等进行不同程度的变化和巧妙组合，便会创造出不同感的"律"的形式，归纳起来分为：循环体、反复体及连续体。

梯田的疏密有致形成的节奏感

点的疏密和线的迂回蜿蜒形成的节奏

可爱的动物形态形成重复的节奏

曲线起伏的节奏感

练习

1. 训练内容：以小组为单位通过查资料、搜图片、拍照片等方式（上图书馆、上网、实地景观现场）找一找形式美法则中的节奏与韵律、对称与均衡、统一与变化等景观设计的案例，最后将图片或资料整理做成演示文稿上台解说（时间10分钟）。

2. 分析并选取某两个法则（统一与变化等），在学校校园或者"国色天香"等景观项目或者是大家身边熟悉的园林景观设计中的找出它的运用表现。以小组为单位来讲解。

3. 分析并选取某两个法则（统一与变化等），以小组为单位做快题设计并行成演示文稿并上台解说。

4.3　单位形提炼与归纳

观察

在日常生活中我们总能见到些平面设计作品，如一个标志、一副海报、一个包装、一个广告。它们总是用一些图形图案纹样来表达一定的设计内涵。而在景观设计中，人们会用植物的组合关系来构成新的形态，植物本身的自然生长形态被改变了。它的高度、它的组群就行成图形图案、纹样，他们之间植株距被主观"设计"了，最终形成我们常见的美丽的景观设计。在平面设计中那个最简单、最原始的形状就形成一个"单位"，这样便有了"单位形"的概念。

思考

什么是形状与形态？它们之间的区别有哪些？园林中花卉、植物、亭等视觉要素属于形态还是形状？

在平面构成范畴中，园林里的花卉、植物视觉要素如何成为形态图形？

游乐园里向日葵花景观

花境中的图案设计

阐述

在平面设计中，平面通过各种抽象和具象的图形、文字来传达特定的设计意图和设计理念。这些抽象和具象的图形是各种视觉元素依据一定的构成规律和形式美法则而组成。因此，要完成设计就必须对构成这些图形、文字的视觉元素进行系统的探讨和研究，从而掌握视觉元素构成各种图形的形式、方法和规律。

1. 形状与形态

形状与形态都是指具象或抽象可见的视觉形象。形状体现的是物象外在形式的具象性，而形态强调的是物象外在形式的抽象性，是一种理性化的抽象。当"形"的特征保持了物体原有的形、体、质感及结构时，这种形所显示的就是写实的形状；当"形"离开原有的组织结构规则时，形在视觉上就给人以抽象的感觉。保持原物体特征越少，"形"就越具有抽象的属性而成为形态。

将平面设计的视觉形象归纳和抽象成单纯的视觉元素，以一种理性和单纯的方式从纯粹视觉思维的角度和理性的高度去研究图形、构成规律。平面构成的形象视觉元素是对设计中所有图形及形态的归纳与抽象。对形象视觉元素及构成关系的探讨和研究，就是从理性的高度去研究图形、文字、色彩的构成规律与构成方法。对图形进行一系列视觉构成的分析研究其目的是为了解决设计中关于造型、色彩、构图形式等方面的问题，使学生在学习平面构成的同时就能确实地介入到设计的各个重要环节，在进行平面构成学习的同时就能清晰地意识到构成理论如何应用于未来的设计之中，从视觉思维的高度把平面构成的理论学习与平面设计应用研究有机地联系在一起。

2. 图形

（1）图形的意义及分类。

作为平面构成的形象视觉元素，图形是设计中所有形象和形态的总称，是构成设计的重要视觉元素。图形作为视觉载体承载着设计理念和设计意图。图形具有直观、生动或抽象、理性的审美特征和视觉特征，是设计中不可缺少的视觉元素和基本视觉语言。

（2）写实图形的构成分析与研究。

写实图形的构成是图形构成中最直接、最简单的构成形式，图形自身在造型和内部结构上已经较为完整，如摄影图片、绘画。由于自身比较完整，图形整体结构关系固定，形成不可分的整体图形。这类图形主要以写实图形、封闭图形、单独图形为主。

 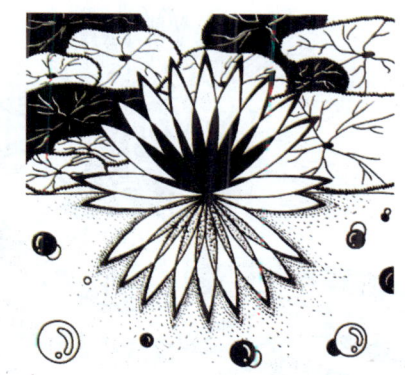

睡莲变形　黎姗姗（指导：李珍林）

蜗牛变形图案　彭祯（指导：李珍林）

（3）具象变化图形。

"具象"与"变化"是具象变化图形的两大属性，是在写实图形的基础上对图形的某些特征作一系列变形和变化处理得到的图形样式。抓其主要特征，具象变化图形既保持了图形具象的直观性和生动性，又有变化所产生的丰富性、多样性、图案性、装饰性。因此，具象变化图形对于拓展设计思维、丰富视觉语言具有十分重要的意义。

具象变化图形的构成是千变万化及其丰富的形象思维过程，没有特定的规律可循，是图形审美关系一系列的主观研究、分析和表现。具象变化图形的构成是一个理性思维—具象分析—理性构成—构成演化的过程，是凭借视觉思维以及自己对图形理解的主观构成，是以抽象的思维方式和理性视觉元素对各种各样的具象图形进行思考和研究、总结、归纳、积累的过程。这个过程需要我们对具体形象作大量的分析和研究，突出主要特征，为最终的具象创造作好充分准备。具象和变化是这类图形的重要特征，因此，我们既要考虑图形构成的外部结构关系又要考虑图形的内部结构变化。

田林灵（指导：李珍林）　　　　吴世思（指导：李珍林）

杨雅婷（指导：康国珍）

3. 基本形

（1）基本形的概念。

在平面构成中基本形是由点、线、面组成的。由点、线、面组合起来的基本形，往往代表着设计者思想的不同含义和感情色彩。将它们根据一定的构成原则巧妙地进行排列组合，我们便会得到千姿百态的新的形象和好的构成效果。

（2）基本形的产生。

基本形是由基本元素点线面，基本形态圆方角，经过多种组合方法而形成的。产生方法有以下几种。

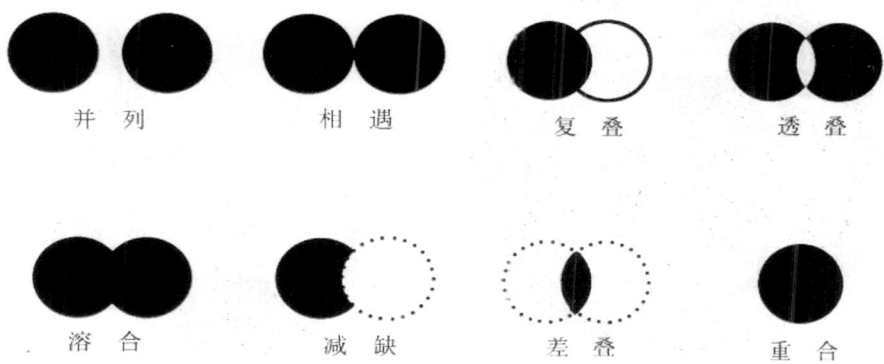

① 加法。

加法基本形由两个形象相加、相切、相交等组合方法而成的。即由一个形象与另一个形象相加在一起而形成的新形象。

② 减法。

减法基本形是由两个形象相减而成的。即一个形象被另一个形象所减后而形成的形象。

③ 分割法。

分割法基本形是因一个基本形象被一种或几种形象分割后而产生的一个新的形象，也是造型中最常见的手法。

④ 重叠法。

重叠法基本形是由一个形象覆盖在另外一个形象上产生的形象。两个大小不同的形象重叠在一起，就是正负形。重叠可获得强烈的视觉感受。

⑤ 透叠法。

透叠法基本形是两个形象相重叠后，留取不重叠的部分，形成新形象的方法。这是一个具有透明质感的形象。

⑥ 分离法。

分离法基本形是将两个形象在不连接的情况下，产生的一个新形象。分离的方法是要保持基本形间的距离互不接触。

我们不难发现，基本形在构成中是最基本的单位元素，在单位元素的群集化过程中，必然发生"形态融洽"的现象，他们能变化出无数的组合形式。为使构成变化不杂乱，基本形以简单的几何形态为好。基本形的组合原则可分为有规则的构成和自由构成。

练习

观察学校园区里的植物并以植物或花卉为描绘对象按照形式美法则将某种单株植物或花卉归纳抽象其形态，得到一个单位形，用这个单位形再来组织画面，要求画面具有一定的构成形式。要求图形之间层次丰富，轮廓线揩绘要清晰可辨，具有一定的设计感。

请设计 10*10 两张植物形态的抽象图形作品。
10*10 两张花卉形态的抽象图形作品。

杨雅婷（指导：康国珍）

王蕾（指导：康国珍）

侯晓雪（指导：李珍林）

侯晓雪（指导：李珍林）

4.4 构成形式

观察

　　大自然中有千奇百怪的各类树木，而植物有其自身的生长规律和结构关系。美丽的花朵一层层绽放着，每一片花瓣也有其自身的结构和布局。生活中道路两边的行道树整齐地排列着。在一副平面设计画面中，不同的形态（图形、文字）也按一定的构图规律组合在一起，形成新的视觉形象。

思考

　　在一定范畴内，如一张名片、一张海报、一本书籍等，这些物品设计中的视觉元素是如何有序排列的？它们又是按照什么样的规律组合在一起的？它们是根据这些形象的大小、颜色类别还是根据彼此的位置和空间关系来安排的？这便引申出现了构成形式这个概念。

阐述

一、骨　骼

上面我们谈到了基本形的形象与形象组合所产生的构成关系。有了形象，应该怎样去考虑和安排它们在空间中的位置（因为形象是存在于空间中的），这就需要引进本章所要讲述的一个重要概念——骨骼。

1. 骨骼的概念及主要分类

经过设计者刻意精心的编排，使形体具有秩序的空间叫骨骼。

根据形体在空间所占的位置不同，我们又可把骨骼分为有作用性骨格和无作用性骨骼。骨骼线的交叉点称"轴心"。

（1）有作用性骨骼。

所谓"有作用性骨骼"，就是把基本形放在骨骼中，这是最基本的形式。骨骼呈正方形，基本形也大小一样、形状一样、色彩一样，没有变化。而实际应用中骨骼有多种形式，如长方形、三角形、米字形、菱形，主要是根据设计的要求和具体的情况自己变动。通过填色，使骨骼和基本形都显现出来，所以称为"有作用性骨骼"。

有作用性骨骼中的基本形，可以有大小变化、位置变化、方向变化、色彩变化等自由。当基本形过大超越了格子时，超越的那部分基本形一定要去掉，不能影响其他格子中的基本形。

（2）无作用性骨骼。

所谓"无作用性骨骼"，是把基本形放在轴心上，它的骨骼线只是固定基本形的位置，不起分割背景的作用，不论有多少形体，都是在一个统一的空间中，在填色后，骨骼线都需要擦掉。所以骨骼就好像不起作用，所以我们称这种骨骼为"无作用性骨骼"。

在无作用性骨骼中，基本形也可大可小，方向、形状也都是自由的。

根据以上规则，可以分别给有作用性骨骼和无作用性骨骼找出不同的特点。

2. 骨骼特点

（1）有作用性骨骼的特点。

① 基本形都在骨骼内，通过不同的明暗显示骨骼线的存在。

② 基本形超出格子的部分要擦掉，形的大小、方向、位置可以自由安排。

③ 骨骼线起划分空间作用，并分割背景。

（2）无作用骨骼的特点。

① 基本形必须放在轴心上，骨骼线起轴心作用。

② 骨骼主要管辖基本形的准确位置，最后线要擦掉。

③ 线不起分割背景的作用。

从以上可以看出，在有作用性骨骼中，基本形是独占空间的，而无作用性骨骼则是由基本形共同占有空间的。

二、构成形式

1. 重复构成

（1）重复及重复构成概述。

重复是构成中最基本的形式。所谓"重复"，是指骨骼的单元、形象、大小、色彩和方向等都是相同的，也就是说，在同一设计中，相同的形象出现过两次或两次以上。

重复的构成形式，来源于自然界万物周而复始的更叠，它使形象秩序化、整齐化，形成和谐富于节奏感的视觉效果，有利于加深人对形象的记忆。重复是设计中最常见的一种手法。形象只要多次的展现，就会给人在心里留下深刻的印象，造成有规律性的节奏感，使画面统一。这些都是它的优点，但是如果人们在感观上所受的刺激形式和方式长时间不发生变化，那就会在心理和生理上产生麻木感和乏味感。所以我们在设计中，一定要注意多从形的重复方式上下功夫。

（2）绝对重复和相对重复。

重复可分为绝对重复和相对重复。

① 绝对重复。

利用骨骼保持基本形态始终不变的重复。

墙纸图案的重复运用

建筑立柱的重复排列

② 相对重复。

指基本形的大小、位置或骨骼形式有一定变化的重复，相对重复中基本形的设计可在统一中求变化，骨骼可以是多种形式的组合。

（3）设计中的重复构成。

重复中的基本形是被用来做重复的形状，每一个基本形为一个单位，然后以重复的手法进行设计。在设计中基本形不宜复杂，以简单明了为主，如基本形过于复杂，不但不易组合，也容易使画面散乱。一般来讲，设计中的基本形大多选择较简单的几何形，这点应特别注意。

设计时可以从一个骨骼入手，逐渐展开。重复时基本形的方向，色彩都可以变化，不必拘泥于一个方向或相同的色彩，那样画面会单调。用这样的方式去设计壁纸、瓷砖、花布，起到了很好的效果。它简便易做，排列自由，画面由于填色不同，可以出多种效果，是一种既快又省事的设计方法。

夏宇（指导：康国珍）

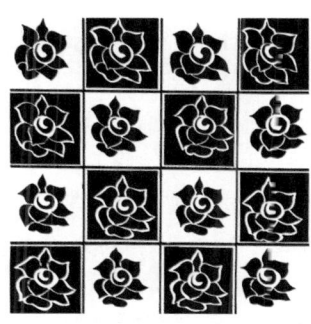

郭若熙（指导：康国珍）

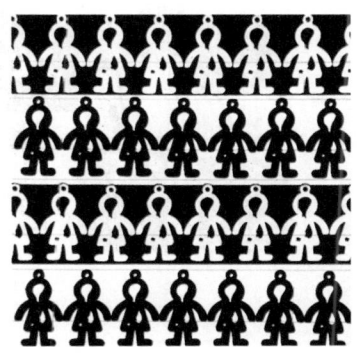

王真容（指导：康国珍）

罗阳（指导：康国珍）

2. 近似构成

（1）近似和近似构成概述。

在自然界中两个完全一样的形状是不多见的，但近似的形状却很多，像树上的叶子，网块状的田野，海边的石子等，在形状上都有近似的性质。近似指的是在形状、大小、色彩、肌理等方面有着共同的特征，它表现了在统一中呈现生动变化的效果。近似的程度同样可大可小，如果近似程度大，就容易产生重复之感；反之，近似的程度太小就会破坏统一感，失去近似的意义。总之要让人感觉到，近似的形与形之间是一种同族类的关系。

可以这样讲，近似也是在重复的基础上，使基本形出现微小的变化。近似初看并没有多少差别，细看就各不相同了。要明白画面是一个整体，同一画面中的基本形应保持统一、呼应和关联。

在构成设计中应注意到，一旦近似基本形构成后，展现在我们面前的首先应该是它所产生的完美的统一性，否则就会出现下列问题：近似过分的统一会使人感到画面单调乏味而失去了生动感；过分进行变化，又会失去近似本身的特点，使画面难于协调。

（2）近似的形式。

两个形象若属同一族类，他们的形状均是近似的，如同人类的形象是近似的一样。在形状的近似中，一般首先找出一个基本形作为原始的材料，然后在这个基本上作一些加、减、变形、正负、大小、方向、色彩等方面的变化。这种变化的强弱要特别注意，不能变得形状之间一点相似的因素都没有了。要保持形状同族的关系。其次，也可用两个基本形相加、减，构成不同的近似形状。另外，同一基本形在空间中旋转方向，也能得到近似的形状。还有利用变形的手法，把基本形伸张或压缩以取得近似的效果。

（3）近似构成注意要素。

① 基本形在变化时，处理手法不要发生很大的变动，骨骼不变，只是基本形发生微妙的变化。

② 作品的处理方法有很多，直线、弧线、块面、肌理等，但同一幅作品中要有一个主题，不要用太多的处理手法给人杂乱无章之感。

李韵霞（指导：康国珍）

杨雅婷（指导：康国珍）

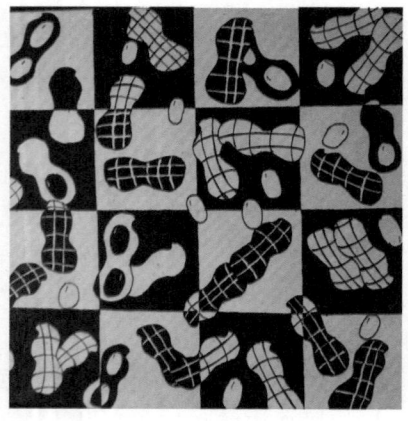

李洪（指导：张玫）

陈波（指导：张玫）

邓丹（指导：张玫）　　　　　　　李俊平（指导：张玫）

3. 渐变构成

（1）渐变及渐变构成概述。

渐变是我们日常生活中经常能体验到的一种自然现象。月的圆缺、潮汐的涨落以及动植物的生长、发育都是循序渐进变化的，因此人们对渐变的形式感觉柔和而亲切。在我们的视觉中经常会感到路旁的树木由近到远、由大到小的渐变，能感到山峦是一层层地由浓到淡的色彩渐变。此外，还有听觉，声音由小到大、由弱到强地渐变。渐变就是一种规律性很强的现象，这种现象运用在视觉设计中能产生渐变形式，就是在一定秩序中将基本形有规律地递增和递减或是将形由此至彼慢慢转化，比起重复的同一性，渐变呈现出阶段性变化的美，更有生气。渐变开始的程度在设计中非常重要。渐变的程度太大，速度太快，就容易失去渐变所特有的规律性的效果，给人以不连贯和视觉上的跃动感，反之，如果渐变的程度太慢，就会产生重复感，但慢的渐变在设计中会显示出细致的效果。

（2）渐变的类型。

① 形状的渐变。

一个基本形变到另一个基本形。基本形可以由完整到残缺，也可由简单到复杂，由抽象到具象。

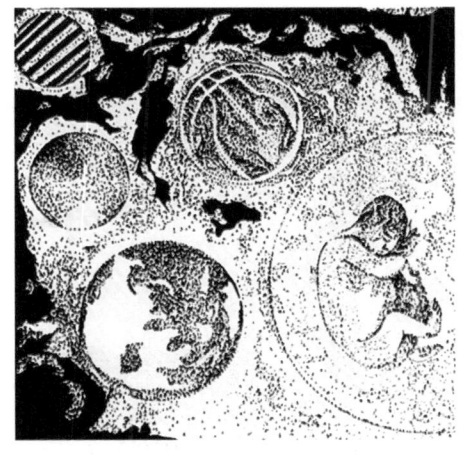 

黄彬彬（指导：康国珍）　　　　　　高飞（指导：康国珍）

② 位置的渐变。

基本形作位置渐变时须用骨架,因为基本形在作位置渐变时,超出骨架的部分会被切除掉。

梁一岚（指导：康国珍）

李海燕（指导：康国珍）

潘明（指导：张玫）

谢圣梅（指导：张玫）

③ 大小的渐变。

基本形由大到小或由小到大地渐变排列，会产生远近深度及空间感。

④ 骨骼的渐变。

骨骼的渐变是指骨骼有规律地变化，是基本形在形状、大小、方向上进行变化。划分骨骼的线可以做水平、垂直、斜线、折线、曲线等各种骨骼线的渐变。渐变骨骼的精心排列，会产生特殊的视觉效果，有时还会产生错觉和运动感。

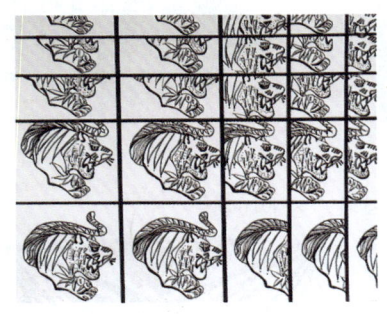 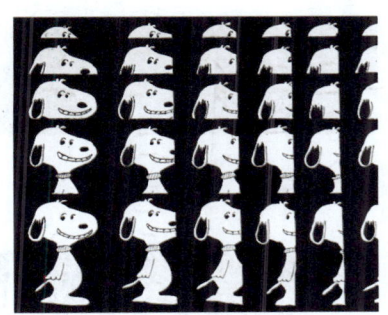

王真容（指导：康国珍） 　　　　　　　王倩茹（指导：康国珍）

4. 发射构成

（1）发射构成概述。

在构成中，发射骨骼的视觉效果是最强烈的。设计中采用发射骨骼，能给人以强烈的吸引力和极佳的视觉效果。

发射具有一定的渐变效果，也是一种常见的自然形状。鲜花的结构，太阳四射的光芒，都是发射状的。发射具有方向的规律性。发射中心为最重要的视觉焦点，所有的形象均向中心集中，或由中心散开，有时可以造成光学的动感，或产生爆炸性的感觉，有很强烈的视觉效果。

发射骨格由中心点、发射点、基本形构成。发射点是画面的中心和焦点。你想把画面的中心部位放在哪里，哪里就可被作为中心点。发射线从中心放射而出，形成发射骨格的主体。

（2）发射的类型。

① 中心点的发射。

由此中心向外或由外向内集中地发射。在发射构图中比较普通的是分别称之为"离心式"和"向心式"的发射。发射的骨格线可以是直线、曲线、弧线等。

② 螺旋式的发射。

螺旋的基本形是以旋转的排列方式进行的。旋转的基本形逐渐扩大形成螺旋式的发射。

③ 同心式发射。

同心发射是以一个焦点为中心，层层环绕发射，如同箭靶的图形。

梁一岚（指导：康国珍）　　　　夏慧（指导：康国珍）

郭琴（指导：康国珍）　　　　谢芳（指导：张玫）

5. 变异构成

（1）变异构成概述。

变异是指构成要素在有秩序的关系里，有意违反秩序，使少数个别形状在诸多的形状中显得异军突起一目了然，以此打破规律性，引起人们的注意。

变异的效果是从比较中得来的，通过小部分不规律的对比，使人在视觉上受到刺激，形成视觉焦点，打破单调，以得到生动活泼的艺术效果。

变异来自于重复骨骼，它同近似的方法一样，都是为了打破重复的单调感，只是采用的方法不同。近似是每个形都变化，但变化的程度不大；变异是大部分形不变，只是少部分进行变化，但变化的程度很大。重复完全一致的同一性难免单调，而对比强烈的相异性又过于刺激，调和介于重复与对比间中庸的形式美，是在统一中求变化，变异的目的就是使变化保持个性的原则，变异的调和美在构成中大部分遵循重复的原则，而小部分发生变化。

（2）变异设计注意要素。

做变异设计时要注意：变异的数量在整个构图中的比例要适当，不能过多，因为变异是在主体有规律的基础上出现少量的变化，如果变得太多，就会把有规律的那一部分破坏掉，变异的特点也就消失了。在一般变异的构成中，我们大都采用一两项视觉形象的变异即可。

（3）变异的几种形式。

① 形状的变异。

形状的变形是在许多重复或近似的基本形中，出现一小部分变异的形状，以形成差异对比，成为画面上的视觉焦点。

 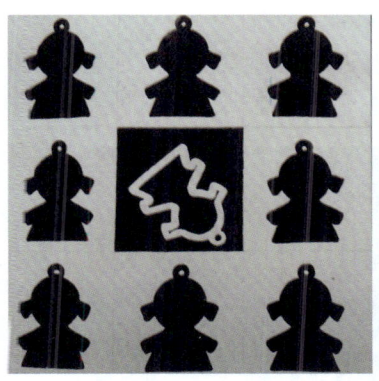

候晓雪（指导：张玫）　　　　　　　何罗珍（指导：张玫）

② 大小的变异。

大小的变异是在相同的基本形的构成中，只在大小上作些变异的对比。但应注意，基本形在大小上的变异要适中，不要对比太悬殊或太接近。

刘红梅（指导：康国珍）

③ 色彩的变异。

色彩的变异是在同类色彩构成中，加进某些对比的色彩，以打破单调感。

④ 方向的变异。

方向的变异是大多数基本形式是有秩序的排列，在方向上一致，只有个别基本形在方向上有所变化以形成变异效果。

6. 密集构成

（1）密集构成概述。

和前边所有的骨骼比起来，密集的骨骼可以说是最自由的了，它没有明显的有规律的骨骼线，基本形在整个构图中可以随便散布，有疏有密，最密或最疏的地方常常成为整个设计的视觉焦点，在画面中造成一种视觉上的张力，像磁场一样，并有节奏感。密集也是一种对比的情况，利用基本形数量排列的多少，产生疏密、虚实、松紧的对比效果。

（2）密集构成。

密集骨骼无一定的限制，可以自由安排，但也极易产生混乱，在做此种构成时首先要进行规划设计。

① 点的密集。

在设计中将一个概念性的点放于构图的某一点上，基本形在组织排列上都趋向于这个点的密集，愈接近此点则愈密，愈远离此点则愈疏。这个概念性的点在整个构图中可超过一个以上，但要注意，基本形的组织不要过于规律，否则会有发射的感觉。

② 线的密集。

在构成中有一概念性的线，基本形向此线密集，在线的位置上基本形密度最大，离线愈远则基本形愈疏。

③ 自由密集。

在构图中，基本形的组织没有点或线密集的约束，完全是自由散布，没有规律，基本形的疏密变化比较微妙。

张婷婷（指导：张玫）　　　　　　　刘文娟（指导：张玫）

宋先培（指导：张玫）　　　　　　　宋先培（指导：张玫）

④ 拥挤与疏离。

拥挤是指过度密集，所有基本形在整个构图中是一种拥挤的状态，占满了全部空间，没有疏的地方。疏离是指与拥挤相反，整个构图中基本形彼此疏远，散布在各个角落，散布可以是均匀的，也可以是不均匀的。

⑤ 密集设计注意要素。

在密集设计中应注意，基本形的面积要细小，数量要多，以便有密集的效果。基本形的形状可以是相同的或近似的，在大小和方向上也可以有些变化。在密集的构成中，重要的是基本形的密集组织，一定要有张力和动感的趋势，不能组织涣散。

练习

1. 在重复、近似、特异、渐变中选择一种构成形式完成一张 15 cm×15 cm 的黑白平面构成作业。

要求：构图中的单位形最好以植物花卉形态为主，图案有一定的创意效果，制作精良、图形之间层次丰富、轮廓线描绘要清晰可辨。

2. 在发射、密集、空间、对比中选择一种构成形式，完成一张 15 cm×15cm 的黑白平面构成作业。

要求：构图中的单位形最好以植物花卉形态为主，图案有一定的创意效果。

3. 用摄影的方式记录生活环境中的园林景观，并将其场景抽象成具有构成关系的画面，归纳照片中的构成形式，用手绘的方式表现，制作两张 15 cm×15 cm 的作品。

4. 根据空间构成形式设计空间构成画面一张。

要求：有良好的创意，画面有较好的视觉效果，充分体现形式美的对比与调和法则，黑白构图手绘完成，尺寸 15 cm×15 cm，制作精良空间层次丰富、装饰性强。

5. 将一块小型场景（校园入口 学生宿舍楼间空地或半圆形绿地）按形式美法则并运用构成规律形式作设计草图。

要求：功能分区明确，场景设计符合构成规律，构图比例大小疏密得当。画面具有节奏形式和美感。

能将构成的视觉形态运用到设计中去，表达一定的思想内涵和情感，有特定主题。

以小组为单位用演示文稿讲解设计。

项目五　二维空间色彩构成训练

教学目标：
1. 了解色彩构成的原理；
2. 掌握不同色相、明度、纯度的变化与对比；
3. 能运用不同的方法进行搭配与调和；
4. 掌握对自然色彩、中国传统（民间）色彩、西方经典绘画色彩、摄影作品色彩和现代经典设计色彩的采集，并学会加以运用。

教学重点： 掌握不同色相、明度、纯度变化以及色彩采集提炼与色彩情感的运用

教学难点： 区别同类色对比，类似色相对比，互补色相对比；经典色彩的采集与运用；色彩情感的表达与运用

课时： 20课时

授课场地： 多媒体教室

5.1　色彩要素的认知与训练

观察

对色彩的良好感觉，首先的前提条件是人健全的眼睛。因为认知色彩唯一方式就是视觉，加上日积月累的生活经验、直觉，给认识色彩提供了生活物质的基本条件。色彩作为视觉信息，无时无刻不在影响着人类的正常生活。美妙的自然色彩，刺激和感染着人的视觉和心理情感，提供给人们丰富的视觉感受。而色彩构成和生活密切相关，大到国家的形象，小到个人的衣食住行等，都有着色彩构成的形态设计。

色彩缤纷的景观小品（张晓鸥　摄）

湛蓝的天与建筑的颜色形成强烈的视觉反差（董娅　摄）

思考

　　园林景观中的色彩设计最重要的就是利用色彩对比和调和的设计原则。对园林景观中的山石、建筑、天空、水体、植物、铺装等色彩的物质载体进行设计，以期待到理想中的色彩。

　　色彩是人接触自然的第一感觉。自然界中每一种颜色都是由色相、明度、纯度三大属性构成的。为什么有些人在衣服、家具、陈设等上搭配的颜色如此顺眼，舒服？而许多人的搭配为什么会让人觉得不舒服？你会怎样运用设计的语言来构筑一个具有视觉美感的空间环境？只有正确理解了色彩以及它们相互组合的关系，我们在做任何的形态设计时才会得心应手，事半功倍。带着诸多的问题，我们进入本项目的学习。

阐述

　　通过观察和思考，我们发现园林中色彩的应用对园林的空间感、舒适度、环境气氛、使用效率及对人的心理和生理均有很大的影响。在一个固定的环境中，最先闯进我们视觉器官的是色彩，而最具感染力的也是色彩。不同的色彩可以引起不同的心理感受，好的色彩环境就是这些感觉的理想组合。园林种植设计的色彩构成要讲究协调。所谓"色彩的协调"是指当两个以上被组合的颜色作用于人的视觉，在心理上引起的反映。简而言之，色彩的协调就是色彩构成的美感。了解这些我们才能更好地将其运用于设计中。

一、色彩构成概论

　　色彩是光产生的现象，没有光，就没有色彩。

1. 色彩光谱

　　（1）光与可见光谱。光是电磁波的一部分，它根据波长可分为宇宙射线、X光线、紫外线、可见光、红外线、无线电波等。而只有波长为380~780 nm（微毫米）之间的电磁波才能引起人们的视觉，这个波段的电磁波被称为"可见光"。

　　（2）光的传播。光是以波动的形式进行直线传播的，具有波长和振幅两个元素。不同的波长产生的色相有差别。不同的振幅强弱产生同一色相的明暗有差别。光在传播时有直射、反射、透射、漫射、折射等多种形式。光直射时直接传入人眼，视觉感受到的是光源色。当光源照射物体时，光从物体表面反射出来，人眼感受到的是物体表面色彩。当光照射时，如遇玻璃之类的透明物体，人眼看到是透过物体的穿透色。光在传播过程中，受到物体的干涉时，则产生漫射，对物体的表面色有一定影响。如通过不同物体时产生方向变化，称为"折射"，反映至人眼的色光与物体色相同。

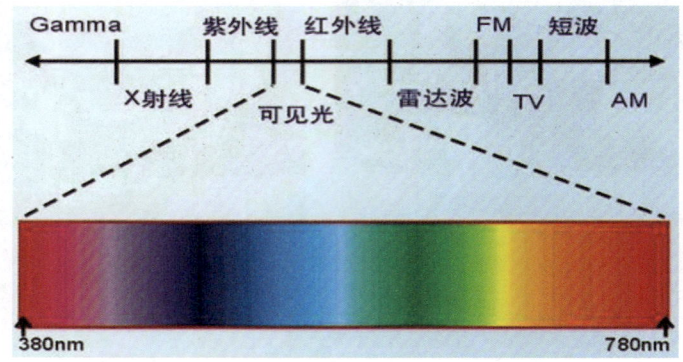

2. 物体色

自然界的物体五花八门、变化万千，它们本身虽然大都不会发光，但都具有选择性地吸收、反射、透射色光的特性。当然，任何物体对色光不可能全部吸收或反射，因此，实际上不存在绝对的黑色或白色。

物体对色光的吸收、反射或透射能力，受物体表面肌理状态很大的影响，表面光滑、平整、细腻的物体，对色光的反射较强，如镜子、磨光石面、丝绸织物等。表面粗糙、凹凸、疏松的物体，易使光线产生漫射现象，故对色光的反射较弱，如毛玻璃、呢绒、海绵等。

但是，物体对色光的吸收与反射能力虽是固定不变的，而物体的表面色却会随着光源色的不同而改变，有时甚至失去其原有的色相感觉。所谓的物体"固有色"，实际上不过是常光下人们对此的习惯而已。如在闪烁、强烈的各色霓虹灯光下，所有建筑及人物的服色几乎都失去了原有本色。

自然界的物体都有自己特有的颜色 （董娅 摄）

3. 色立体原理

色立体是依据色彩的色相、明度、纯度变化关系，借助三维空间，用旋围直角坐标的方法，组成一个类似球体的立体模型。它的结构类似于地球仪的形状，北极为白色，南极为黑色，连接南北两极贯穿中心的轴为明度标轴，北半球是明色系，南半球是深色系。色相环的位置则在赤道线上，球面一点到中心轴的重直线，表示纯度系列标准，离中心越近，纯度越低，球中心为正灰。

色立体有多种，主要有美国蒙赛尔色立体、德国奥斯特瓦尔德色立体、日本色研色立体等。

 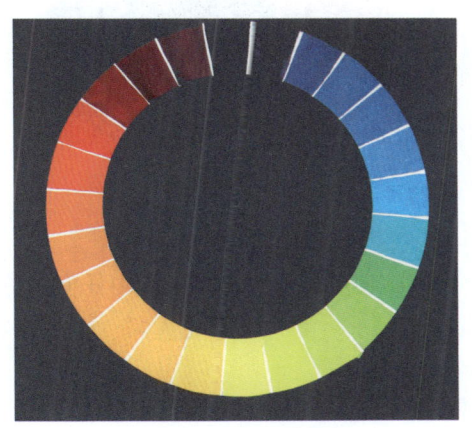

相环　　　　　　　　　　　　　　　二十四色相环

二、色彩分类及三原色

1. 无彩色系与有彩色系

无彩色系有黑色、白色、灰色，色度学上称之为"黑白系列"，在色立体上是以一条垂直轴表示的。无彩色系没有色相和纯度，只有明度变化。色彩的明度可以用黑白来表示，明度越高，越接近白色；反之亦然。

有彩色系是光谱上呈现出的红、橙、黄、绿、蓝、紫，再加上它们之间若干调和出来的色彩。只有有彩色才具备色彩的三要素：色相、明度、纯度。

有彩色系有以下两种情况：

（1）各种色相之间的明度差别，同样的纯度，黄色明度最高，蓝色最低，红绿色居中；

（2）同一色相的明度，因光量的强弱而产生不同的明度变化。

无彩色系有以下三种情况：

（1）同一色彩因光源的强弱和投影角度的不同造成明度强弱的差异，或因物体的起伏造成的明度差；

（2）同一色相因混入不同比例的黑白灰形成不同的明度变化（如明度推移构成）；

（3）在同等光源下，不同色相间的明度变化和差异。

无彩色中，最高明度为白色，最低明度为黑色，灰色居中。通常，有彩色系的明度值参照无彩色系的黑白灰等级标准，任意彩色可通过加白加黑得到一系列有明度变化的色彩。

2. 三原色、间色和复色

（1）三原色。

颜料的三原色为红、黄、蓝三色。三色相加为黑浊色。色光的三原色是红、绿、蓝紫，相加为白光。

颜料三原色

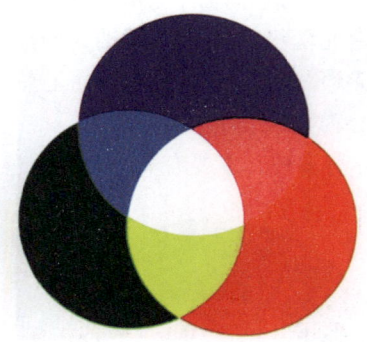

色光三原色

（2）间色（补色）。

间色又叫第二次色。三原色中任何两原色相加即成间色，如红＋黄＝橙，黄＋兰＝绿，兰＋红＝紫。

（3）复色。

复色又称再间色、第三次色，是由两个间色或一个原色加黑浊色而成，如橙＋绿＝黄灰，橙＋紫＝红灰，绿＋紫＝蓝灰。

间色是橙、绿、紫

复色是红灰、黄灰和蓝灰

3. 色彩三要素

任何一种色彩都具有色相、明度和纯度，而且这三者又相对独立，要完整地描述一种色彩，必须要依赖这三者的性质。

（1）色相。

色彩最明显的特征是色彩的相貌和主要倾向，已指特定波长的色光呈现出的色彩感觉。每种颜色都有自己独特的色相，区别于其他颜色。

花卉的不同色相（李珍林 摄）

红色与黄色郁金香（董娅 摄）

（2）明度。

明度是色彩的骨架，明度是辨别色彩明暗的程度。

（3）纯度。

纯度是指色彩的饱和度或纯净程度，也就是一种色彩中所含该色素成分的多少，含的越多，纯度就越高，越少则纯度越低。

降低纯度的方法：

① 加入白色，加入越多，纯度越低，趋向粉色；

② 加入黑色，加入越多，纯度越低，趋向灰色；

③ 加入对比色，加入越多，纯度越低，趋向灰色。

同一景象不同的纯度变化(张晓鸥 摄)

4. 三要素之间的关系

明度、色相和纯度是色彩的三要素。

任何一种色彩都具有这三种属性:明度表达了色彩的深浅,色相体现着色彩的外在特征,纯度表达着色彩内在的品格。

色彩的推移—色彩的渐变

色彩的构成可以通过一定等差级的明度、色相和纯度按照一定规律进行变化,产生如空间、协调、对比等色彩构成效果,这种等差级变化被称为"色彩渐变"。

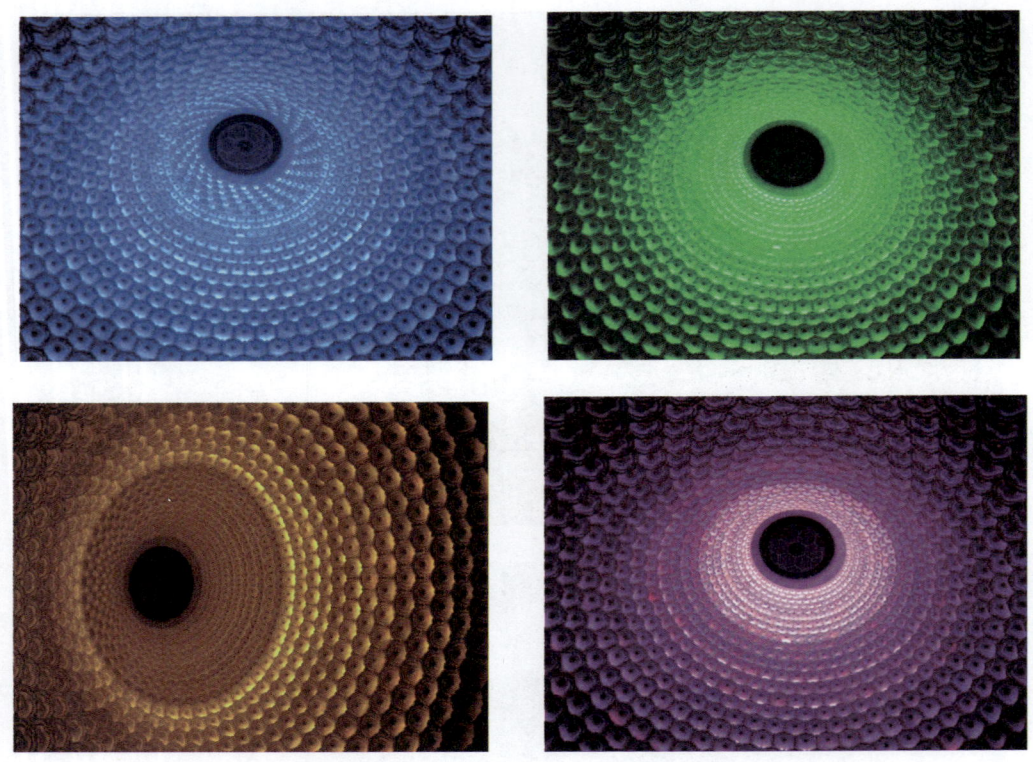

不同色彩的形成的推移变化 （灵山梵宫 董娅摄）

练习

1. 色相推移

色相推移（色相渐变）是色相向其他色相逐渐变化，推移的方法。取色相环上所有色彩，按照色相环的顺序可构成高、中、低纯度的全色相秩序，填在简练生动的图形上。色相变化极为丰富，纯度高，给人感觉活泼、华丽；纯度低，给人感觉含蓄、高雅。

色相推移的视觉效果。每个推移的色阶要超过 5 层以上。

何爱玲（指导：李珍林）

冯卫芳（指导：李珍林）

毛敏（指导：李珍林）

屈晓庆（指导：李珍林）

廖明媚（指导：李珍林）

王芸（指导：张晓鸥）

2. 明度推移

明度推移（明度渐变）是明度由浅到深的逐渐变化过程，形成不同的明度台阶。

选择一种颜色，以逐渐加入白色和黑色的方式形成一个表现明度渐变的构成画面，其渐变过程不少于8个明度等级差。

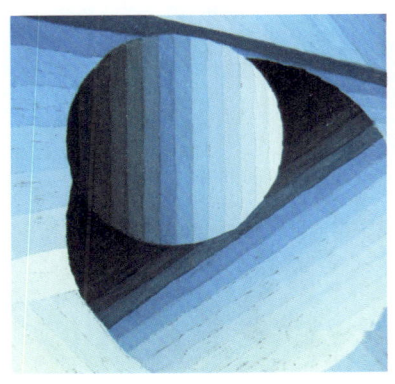
毛敏（指导：李珍林）

苏悦（指导：李珍林）

何爱玲（指导：李珍林）

毛敏（指导：李珍林）

郭林（指导：张晓鸥）

邓宇（指导：张晓鸥）

屈晓庆（指导：李珍林）

尧丹（指导：张晓鸥）

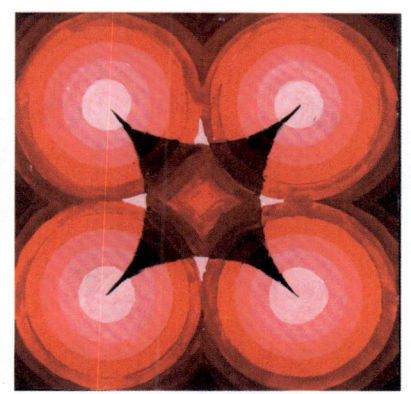

毛敏（指导：李珍林）　　　　　　　　李惠莎（指导：张晓鸥）

刘璐（指导：李珍林）　　　　　　　　何君（指导：李珍林）

3. 纯度推移

纯度推移（纯度渐变）是一种色彩由纯色向无彩色的黑、白、灰渐次变化。

选择一个高纯度的颜色和一个与之明度相同的中性灰色，以不断增加灰色调入量的办法逐渐降低颜色的纯度，获得一个纯度渐变的画面。其纯度的等级变化不少于 8 个。

要求：手绘；尺寸 20 cm×20 cm；图形要适宜色彩推移表现；制作精细。

何爱玲（指导：李珍林）　　　　　　　苏悦（指导：李珍林）

屈成林（指导：张晓鸥）

冯卫芳（指导：李珍林）

冯卫芳（指导：李珍林）

屈成林（指导：张晓鸥）

屈晓庆（指导：李珍林）

何君（指导：李珍林）

5.2　色彩对比调和

观察

汉斯·霍夫曼曾经说过:"色彩作为一种独特的语言,本身就是一种强烈的表现力量。""远看色彩近看花""七分颜色三分花",当我们面对一些美景的时候,我们并非都要去全面而深入地分析它,往往通过它的色彩就能获得莫大的满足。我们不难发现,简单的草花不同的色彩搭配在一起就熠熠生辉了许多,两个反差很大的颜色放在一起会让人印象深刻,而颜色相近的物体组合在一起越发显得和谐壮观。

橙色、蓝色的珠子格外鲜艳

莲花在莲叶的映衬下更加突出

红土与绿苗

红成一片的梯田(董娅　摄)

思考

"万绿丛中一点红"讲的是在众多事物中最突出、最精彩的一点,就足以引起人们的注意。那为什么大片的绿色中间有红色会显得异常的醒目?如果换成其他的颜色搭配在一起又会出现什么样的效果?为什么有的颜色搭配在一起会显得和谐统一,而有的颜色搭在一起会让人觉得生硬突兀?如果颜色搭配不和谐、不统一我们又该怎么调整?带着诸多的问题,我们进入本任务的学习。

阐述

色彩很多时候明确而又纯粹，具有独立的审美价值。我们知道两个鲜艳的色块放在一起产生强烈的刺激感，两个柔和的色块放在一起产生和谐的美感。不同的色块组合带给人千差万别的视觉感受，只有通过学习，理解色彩组合的概念，掌握色彩搭配的规律，就可以用直观有效的色彩设计来达到需要的设计目的。

一、色彩的对比

1. 色彩对比概念

色彩的对比，是指各色彩之间存在的矛盾、对立和差别。

2. 色彩对比的意义

色彩的对比构成在任何色彩构图中都是客观存在的，在色彩现象与色彩艺术中最具有普遍性。

3. 色彩对比分类

色彩对比包括色相对比、明度对比、纯度对比、冷暖对比、面积对比、形状对比。

（1）色相对比。

色相对比是指因色彩三要素中的色相差异关系而呈现的色彩对比效果。各色相由于在色相环上的距离远近不同，也形成强弱不同的色相对比。

① 同类色相对比。

在色相环中，角度在15°以内的对比，是色相对比中最弱的对比，色相之间的差别小。

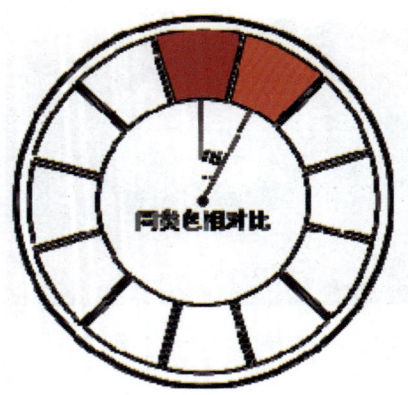

同类色对比示意图

由绿色的植株构成的花坛统一整体

② 类似色相对比（邻近色相对比）。

在色相环中，角度在45°以内的对比，是色相对比中较弱的对比。类似色相之间含有相同的因素，比同类色相对比明显、丰富、活泼。因而既显得统一、和谐、雅致，又略显变化，且更耐看。如改变类似色相的明度，纯度可构成很多优美，统一和谐的色彩关系。

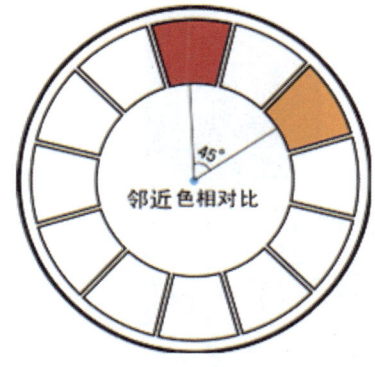 

邻近色对比示意图　　　　　色相相近的草花构成的环境变化中不失统一

③ 对比色相对比。

在色相环中,角度在120°以内的对比,是色相对比中强的对比,如红与蓝,绿与紫,色相之间没有相同的因素或相同的因素很少,色彩感强烈、鲜明、饱满、华丽、活跃。

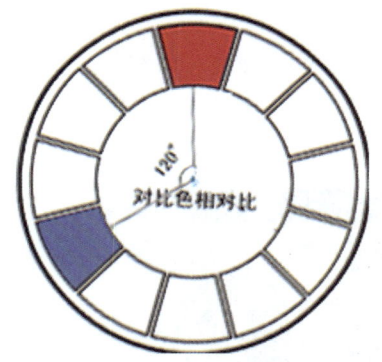 

对比色示意图　　　　　花卉与植物颜色形成鲜明的对比

绿色的叶、黄色的花、蓝色的水彩成强烈对比(张子昂　摄)

橙红的屋顶与蔚蓝的天空形成鲜明的对比(张晓鸥 摄)

④ 互补色相对比。

在色相环中,角度在180°以内的对比,是色相对比中最强的对比,如红与绿,黄与紫,蓝与橙等。互补色相的色相感比对比色相更强烈,更有刺激性,应根据画面的需要进行适当的色彩搭配。

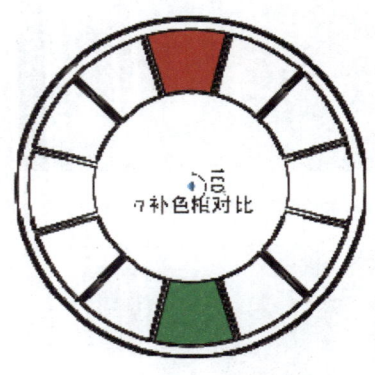

互补色示意图

红叶、绿叶相互衬托

鱼嘴在绿树的衬托下显得格外鲜红

醒目的儿童游乐设施

（2）明度对比。

明度对比是将不同明度的色并置产生明暗对比效果的视觉效应，也就是明度差别而形成的色彩。

它是人眼在观看对比图形时产生的视错觉，明度对比对人眼的刺激最为强烈。

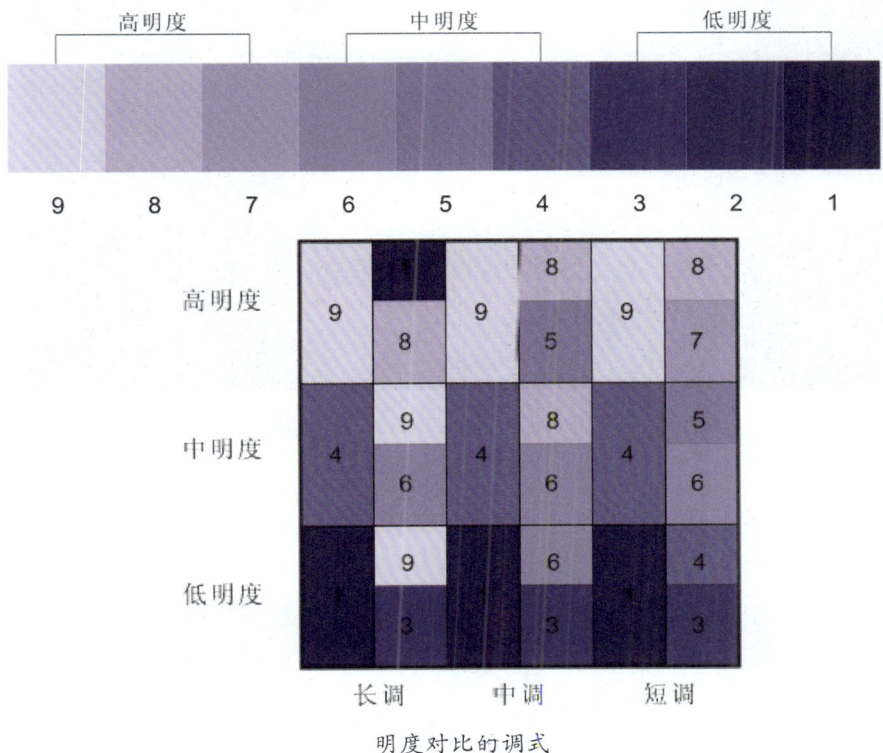

明度对比的调式

配色明度在 3 个阶段以内的组合叫短调，为明度的弱对比。

明度差在 5 个阶段以上的组合叫长调，为明度的强对比。

以低明度色彩（面积在 70% 左右）为主构成低明度基调。

以中明度色彩（面积在 70% 左右）为主构成中明度基调。

以高明度色彩（面积在 70% 左右）为主构成高明度基调。

高明度强对比　　　　　　　　　　　高明度中对比

夜色下的天空形成低明度强对比（张子昂 摄）

（3）纯度对比。

因色彩纯度的差异而形成的色彩鲜浊对比称之为纯度对比。这种对比可以是一种色相纯度鲜浊对比，也可以是不同色相间的纯度对比。

低纯度　　　　　　　　　　中纯度　　　　　　　　　　高纯度

色彩纯度差别的大小决定对比的强弱，按照12个纯度级划分，相差8级为强对比，相差5~8级以内为中对比，相差4级以内为弱对比。

以高纯度色（面积占70%）为主构成高纯度基调，称之为鲜调，具有积极、强烈、冲动、快乐、活泼的色彩情感。

以中纯度色（面积占70%）为主构成中纯度基调，称之为中调，具有稳定、文雅、可靠、中庸的色彩情感。

以低纯度色（面积占70%）为主构成地处度基调，称之为灰调（或者浊调），具有平淡、自然、简朴、消极、陈旧的色彩情感。

（4）冷暖对比。

冷暖对比是因色彩感觉的冷暖差别而形成的对比。冷暖感觉本是触觉对外界的反映，由于人们生活在色彩的世界的经验以及人们的生理功能（如条件反射），使人的视觉逐渐变为触觉的先导。

色彩的冷暖可以产生视觉上的远近透视：近处颜色偏暖、纯度高；对比强的色彩感觉距离近；偏冷含灰、对比弱的色彩感觉距离远。

冷暖对比色在色环上的两端，冷极色蓝、暖极色橙，红、黄为暖色，红紫、黄绿为中性微暖色，青紫、蓝绿为中性微冷色。暖色会给人热情、奔放的感觉；冷色会给人纯净、清新的感觉。

冷色调为主的对比

游佳琳（指导：康国珍）

暖色调为主的对比

郭林（指导：张晓鸥）

① 冷暖的极色对比为冷暖感觉的最强对比。
② 冷极色与暖色的对比，暖极色与冷色的对比为冷暖的强对比。
③ 暖极色、暖色与中性微冷色；冷极色、冷色与中性微暖色的对比为中等对比。
④ 暖极与暖色、冷极与冷色、暖色与中性微暖色、冷色与中性微。

（5）面积对比。

指各种色彩在画面中所占的面积比例变化和差别引起的色相、明度、纯度、冷暖等方面的对比。

面积、色彩相同　　　　　　　　面积相同，色彩互补

面积不同，色彩相同　　　　　　面积不相同，色彩互补

面积基本相同的对比（董娅　摄）　　曾翠萍（指导：康国珍）

面积不相同的色彩对比（董娅　摄）　　向国华（指导：康国珍）

二、色彩调和

色彩调和主要是满足人们的视觉和心理上的需要,色彩调和与否,通常是我们所说的放在一起"舒服不舒服"。

1. 调和的定义

字面意思:两种或多种颜色协调地组合在一起,产生愉悦、舒适感的搭配。

对比—寻求差别　　　　　　　　调和—寻求关联

理论含义:

① 明显差异或者明显含糊的色彩,在构图中进行调整,使之完美地统一在一起,如明度与纯度(调和);

② 将有显著区别的色彩,合理地分布在构图当中,以实现其完美的统一,如色相与面积(并置)。

色彩调和的含义:一种指有明显差别或暧昧的色彩构图为了构成和谐统一的整体而进行调整与组合的过程。另一种指有明显差别的色彩或不同的对比色彩组织在一起时要求得到的和谐效果。

2. 色彩调和方法

(1)单色相调和(只变化明度与纯度)。

同色相调和需要改变纯度、明度,同一色相比较容易取得理想的配合,且能得到朴素、单纯的色彩效果。

(2)同一调和。

当两个或两个以上的色彩因差别大而非常刺激、不调和的时候,增加各色的同一因素,使强烈刺激的各色逐渐缓和,增加同一的因素越多,调和感越强。这种选择同一性很强的色彩组合,或增加对比色各方的同一性,避免或削弱尖锐刺激感的对比,取得色彩调和的方法,称为"同一调和"。

最常用的同一调和方法有以下几种。

① 混入白色或黑色调和。

在强烈刺激的色彩双方或多方(包括色相、明度、纯度过分刺激)混入白色或黑色,使之明度提高或降低,纯度降低,刺激力减弱。混入的黑白越多调和感越强。

加入白色　　　　　　　　　原色　　　　　　　　　加入黑色

② 混入同一灰色调和。

在尖锐刺激的色彩双方或多方，混入同一灰色，实则为在对比色得双方或多方同时混入白色与黑色，使双方或多方的明度向该灰色靠拢，纯度降低，色相感削弱，双方或多方混入的灰色越多调和感越强。

原色　　　　　　　　　　　加入灰色

③ 混入同一原色调和。

在尖锐刺激的色彩双方或多方，混入同一原色（红、黄、蓝任选其一），使双方或多方的色相向混入的原色靠拢。

④ 互混调和。

在强烈刺激的色彩双方，使一色混入另一色，如天蓝与品红，品红不变，在天蓝中混入品红，使天蓝也含有品红的成分，也可以双方互混。

（3）秩序调和构成。

把不同明度、色相、纯度的色彩组织起来，形成渐变的或有节奏、有韵律的色彩效果，使原来对比过分强烈刺激的色彩关系柔和起来，使本来杂乱无章的色彩因此有条理、有秩序，和谐统一起来，这个方法就称为"秩序调和"。

在秩序调和中，可构成等差渐变的秩序调和，也可构成非等差有节奏、韵律的秩序调和。两色之间的等级少可构成显差的秩序调和，两色之间的等级多可构成微差的秩序调和。总之，只要有秩序都能增强调和感。

色彩形成规律的秩序调和（董娅 摄）

练习

1. 色相对比

同一构图或一图分四份，分别用同类、邻近、对比、互补色相对比表现。

要求：尺寸 30 cm×30 cm，图形要表现四种对比的区别；制作精细。

同类色对比　何君（指导：李珍林）

同类色对比　王芸（指导：张晓鸥）

邻近色对比　毛敏（指导：李珍林）

邻近色对比　游佳琳（指导：康国珍）

邻近色对比　向国华（指导：康国珍）

邻近色对比　游佳琳（指导：康国珍）

邻近色对比　向国华（指导：康国珍）

邻近色对比　马玉红（指导：康国珍）

互补色对比　苏悦（指导：李珍林）

互补色对比　何君（指导：李珍林）

互补色对比　王琳（指导：张晓鸥）

互补色对比　杜欢（指导：张晓鸥）

互补色对比　马玉红（指导：康国珍）　　　互补色对比　严俊（指导：康国珍）

2. 明度对比

选择自己喜爱的单色，通过逐渐加黑加白，调出九个系列的明度色阶，然后参照九大调的色阶搭配关系，将同一构图用九大调分别表现出来，也可将一复杂构图分为九份，分别用九大调表现。要求：同一副图至少用 1 色，尺寸 30 cm×30 cm；图形要至少表现九种明度对比的区别；制作精细。

余锐（指导：张玫）　　　　　　　苏悦（指导：李珍林）

陈敏（指导：李珍林）　　　　　　黄颖（指导：李珍林）

3. 纯度对比

选择自己喜爱的颜色，通过逐渐加黑加白或者加入其他颜色降低纯度，调出不同系列的纯度色。将同一构图用高、中、低纯度表现出来。也可将一复杂构图分为三份表现纯度对比。

要求：用色不限，尺寸单幅大小 15 cm×15 cm；图形要表现高、中、低纯度对比的区别；制作精细。

高纯度、中纯度、低纯度对比　苏悦（指导：李珍林）

高纯度、中纯度、低纯度对比　郭林（指导：张晓鸥）

高纯度、中纯度、低纯度对比　张鹏（指导：李珍林）

高纯度、中纯度、低纯度对比　冯卫芳（指导：李珍林）

5.3　主题色彩与色彩情感训练

观察

仔细观察我们的生活，随处可见色彩的存在，它们以自然的形态以及天然的渲染，形成独特的色彩效果，给我们带来了全新的视觉感受。

自然景观　　　　　　　　　　　　　　　　自然景观

五彩缤纷的花境　　　　　　　　　　　　　游乐场景观

思考

色彩是人的第一视觉感知。为什么我们看到不同的色彩会有不同的联想、不同的感受？为什么不同的设计作品需要不同的色彩进行不同的表达？为什么色彩的恰当运用更能突出主题？色彩间的关系如何并正确运用表达？带着这些问题我们进入本单元的学习。

阐述

通过观察和思考，我们发现在园林景观中的环境设计、色彩搭配、造型表现、主题明确突出。不同的形态、色彩都有不同的性格及特征，掌握这些我们才能更好地运用于设计中。

一、色彩采集

色彩的采集是为了从平凡的事物中去观察、发现别人没有发现的美，逐步去认识客观世界中美好的色彩关系，借鉴美好的形式，将原色彩从限定的状态中走出，注入新的思维，重新构成，使它达到完整的、独立的、富有某种意义的创作目的。

1. 自然色彩的采集

浩瀚的大自然丰实多彩，变幻无穷，向人们展示着迷人的色彩。

自然色彩的采集示例

2. 中国传统（民间）色彩的采集

所谓"传统色"，是指一个民族世代相传的、在各类艺术中具有代表性的色彩特征。

传统民间艺术广泛流传于民间老百姓中，具有鲜明的民族风格和地方特色，并以单纯的色彩、强烈的对比、质朴的造型和自由多变的形式见长，其中有着许多丰富多彩的色彩使用方法。

中国传统色彩的采集示例1

中国传统色彩的采集示例2

3. 西方经典绘画色彩的采集

每个画家对色彩的感觉和使用,有着不同的习惯和认识。正是这些画家的绘画作品,保存了人们在艺术上、精神上的审美认识和习惯。这些作品的色彩也是我们在学习用色上的宝库。

西方经典绘画色彩的采集示例:

莫奈《日出》

莫奈《睡莲》

4. 对图片(摄影作品)色的采集

我们也要能在摄影作品的色彩构成设计中吸取色彩的营养,通过吸纳、提炼和加工,应用到自己的设计中。

对摄影作品色彩的采集示例

5. 现代经典设计色彩采集

许多设计大师的优秀作品中,不仅保存了人们的色彩欣赏习惯和爱好,而且还蕴藏着许多设计大师在设计过程中的思考和分析。

对当代优秀海报色彩的采集示例

6. 色彩与流行色

随着时代的推移而盛行变换的色彩称为"流行色"。

流行色的采集与发布

二、色彩的采集与应用

色彩的采集的目的更高一层次的要求是要能研究经典作品色彩使用的方法，找出其使用色彩的规律，在研究和把握了各种色彩使用规律的基础上，学会举一反三、触类旁通，能在自主创意设计中灵活使用这套规律，以达到设计中主题明确、准确传达信息，以满足人们视觉欣赏的需要，从而在审美中达到设计的目的。

1. 色彩采集的基本图形还原运用

色彩采集的基本图形还原使用，指的是对色彩的比例、基本形态以及组合方式的完全采集使用，也即全方位的模拟采集使用。

2. 色彩采集的装饰形态运用

色彩采集的装饰形态运用，主要是指在色彩采集中，通过对色彩的基本相貌和色彩在使用中的主次等层次关系方面的内容来加以应用，使得色彩的基本内容得以还原。

以蒙德里安作品的书籍装帧设计与椅子为例：

蒙德里安作品　　　　　　　　　椅子

三、色彩象征

1. 色彩的心理联想

色彩的联想是人脑的一种积极的、逻辑性与形象性相互作用的、富有创造性的思维活动过程，包括具象联想与抽象联想。色彩的联想带有情绪性的表现，受到观察者年龄、性别、性格、文化、教养、职业、民族、宗教、生活环境、时代背景、生活经历等各方面因素的影响。

各种色彩都有其独特的性格，简称"色性"。它们与人类的色彩生理、心理体验相联系，从而使客观存在的色彩仿佛有了复杂的性格。

① 红色。红色的波长最长，穿透力强，感知度高。它易使人联想起太阳、火焰、热血、花卉等，给人温暖、兴奋、活泼、热情、积极、希望、忠诚、健康、充实、饱满、幸福等向上的感觉，但有时也被认为是幼稚、原始、暴力、危险、卑俗的象征。红色历来是我国传统的喜庆色彩。

世博会中国馆　　　　　　　　　红红的中国结

② 橙色。橙与红同属暖色，具有红与黄之间的色性，它使人联想起火焰、灯光、霞光、水果等物象，是最温暖、响亮的色彩，给人感觉活泼、华丽、辉煌、跃动、炽热、温情、甜蜜、愉快、幸福等，但也具有疑惑、嫉妒、伪诈等消极倾向性表情。

含灰的橙成咖啡色，含白的橙成浅橙色，俗称血牙色，与橙色本身都是服装中常用的甜美色彩，也是众多消费者特别是妇女、儿童、青年喜爱的服装色彩。

③ 黄色。黄色是所有色相中明度最高的色彩，具有轻快、光辉、透明、活泼、光明、辉

煌、希望、功名、健康等印象。但黄色过于明亮而显得刺眼，并且与他色相混即易失去其原貌，故也有轻薄、不稳定、变化无常、冷淡等不良含义。

凡高《向日葵》

中国传统龙袍

含白的淡黄色感觉平和、温柔，含大量淡灰的米色或本白则是很好的休闲自然色，深黄色却另有一种高贵、庄严感。由于黄色极易使人想起许多水果的表皮，因此它能引起富有酸性的食欲感。黄色还被用作安全色，因为它能引起人们的注意，如室外作业的工作服。

④ 绿色。在大自然中，除了天空和江河、海洋，绿色所占的面积最大，几乎到处可见，它象征生命、青春、和平、安详、新鲜等。绿色最适应人眼的注视，有消除疲劳、调节的功能。黄绿带给人们春天的气息，颇受儿童及年轻人的欢迎。蓝绿、深绿是海洋、森林的色彩，有着深远、稳重、沉着、睿智等含义。含灰的绿，如土绿、橄榄绿、墨绿等色彩，给人以成熟、老练、深沉的感觉，被广泛应用于军、警规定的服色。

张子昂 摄

柠檬呈现的不同的绿

⑤ 蓝色。蓝色与红、橙色相反，是典型的寒色，表示沉静、冷淡、理智、高深、透明等含义，随着人类对太空事业的不断开发，它又有了象征高科技的强烈现代感。

浅蓝色系明朗而富有青春朝气，为年轻人所钟爱，但也有不够成熟的感觉。深蓝色系沉着、稳定，为中年人普遍喜爱的色彩。其中略带暖味的群青色，充满着动人的深邃魅力。藏青则给人以大度、庄重的印象。靛蓝、普蓝因在民间广泛应用，似乎成了民族特色的象征。当然，蓝色也有其另一面的性格，如刻板、冷漠、悲哀、恐惧等。

董娅 摄

张子昂 摄

⑥ 紫色。具有神秘、高贵、优美、庄重、奢华的气质，有时给人孤寂、消极之感。尤其是较暗或含深灰的紫，易给人以不祥、腐朽、死亡的印象。但含浅灰的红紫或蓝紫色，却有着类似太空、宇宙色彩的幽雅、神秘之时代感，为现代生活所广泛采用。

⑦ 黑色。黑色为无色相无纯度之色，往往给人感觉沉静、神秘、严肃、庄重、含蓄。另外，黑色也易让人产生悲哀、恐怖、不祥、沉默、消亡、罪恶等消极印象。尽管如此，黑色的组合适应性却极广，无论什么色彩特别是鲜艳的纯色与其相配，都能取得赏心悦目的良好效果。但是黑色不能大面积使用，否则，不但其魅力大大减弱，相反会产生压抑、阴沉的恐怖感。

⑧ 白色。白色给人洁净、光明、纯真、清白、朴素、卫生、恬静等感觉。在它的衬托下，

其他色彩会显得更鲜丽、更明朗。多用白色还可能产生平淡无味的单调、空虚之感。

⑨ 灰色。灰色是中性色，其突出的性格为柔和、细致、平稳、朴素、大方，它不像黑色与白色那样会明显影响其他的色彩。因此，灰色作为背景色彩非常理想。任何色彩都可以和灰色相混合，略有色相感的含灰色能给人以高雅、细腻、含蓄、稳重、精致、文明而有素养的高档感觉。当然滥用灰色也易暴露其乏味、寂寞、忧郁、无激情、无兴趣的一面。

⑩ 土褐色。含一定灰色的中、低明度各种色彩，如土红、土绿、熟褐、生褐、土黄、咖啡、古铜、驼绒、茶褐等色，性格都显得不太强烈，其亲和性强，易与其他色彩配合，特别是和鲜色相伴，效果更佳。

土褐色也使人想起金秋的收获季节，故均有成熟、谦让、丰富、随和之感。

⑪ 光泽色。除了金、银等贵金属色以外，所有色彩带上光泽后，都有其华美的特色。金色，富丽堂皇，象征荣华富贵，名誉忠诚；银色，雅致高贵，象征纯洁、信仰，比金色温和。它们与其他色彩都能配合，几乎达到"万能"的程度。小面积点缀光泽色，具有醒目、提神作用；大面积使用则会产生过于眩目的负面影响，显得浮华而失去稳重感。如若巧妙使用、装饰得当，光泽色不但能起到画龙点睛作用，还可产生强烈的高科技现代美感。

2. 色彩的心理感觉

（1）色彩的冷、暖感。

色彩本身并无冷暖的温度差别，是视觉引起人们对色彩冷暖感觉的心理联想。

暖色：人们见到红、红橙、橙、黄橙、红紫等色后，马上联想到太阳、火焰、热血等物像，产生温暖、热烈、危险等感觉。

冷色：人们见到蓝、蓝紫、蓝绿等色后，则很易联想到太空、冰雪、海洋等物像，产生寒冷、理智、平静等感觉。

色彩的冷暖感觉，不仅表现在固定的色相上，而且在比较中还会显示其相对的倾向性。如同样表现天空的霞光，用玫红画早霞那种清新而偏冷的色彩，感觉很恰当，而描绘晚霞则需要暖感强的大红了。但如与橙色对比，前面两色又都加强了寒感倾向。

暖色调　　　　　　　　　　　　　　冷色调

（2）色彩的前、后感。

不同波长的色彩在人眼视网膜上的成像有前后。红、橙等光波长的色在后面成像，感觉比较迫近；蓝、紫等光波短的色则在外侧成像，在同样距离内感觉就比较远。

实际上这是视错觉的一种现象，一般暖色、纯色、高明度色、强烈对比色、大面积色、集中色等给人前进感；相反，冷色、浊色、低明度色、弱对比色、小面积色、分散色等给人后退感。

（3）色彩的大、小感。

由于色彩有前后的感觉，因而暖色、高明度色等有扩大、膨胀感，冷色、低明度色等有显小、收缩感。

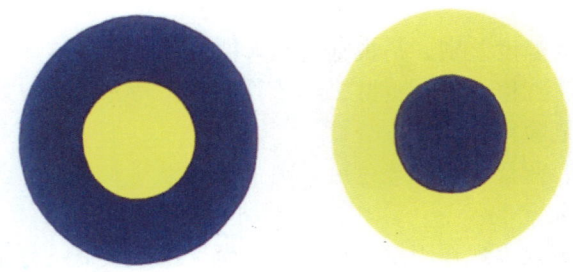

（4）色彩的兴奋与沉静感。

其影响最明显的是色相，红、橙、黄等鲜艳而明亮的色彩给人以兴奋感，蓝、蓝绿、蓝紫等色使人感到沉着、平静。绿和紫为中性色，没有这种感觉。纯度的关系也很大，高纯度色给人兴奋感，低纯度色给人沉静感。最后是明度，暖色系中高明度、高纯度的色彩呈兴奋感，低明度、低纯度的色彩呈沉静感。

（5）色彩的华丽与朴素。

凡是鲜艳而明亮的色具有华丽感，凡是浑浊而深暗的色具有朴素感。

（6）色彩的音乐感。

音乐和色彩关系很密切，音的高低、快慢、组合构成各种各样的音乐旋律，音符如同某一色彩，充当构成的基本元素，可以有各种搭配、组合，产生各种各样的色彩图形。

 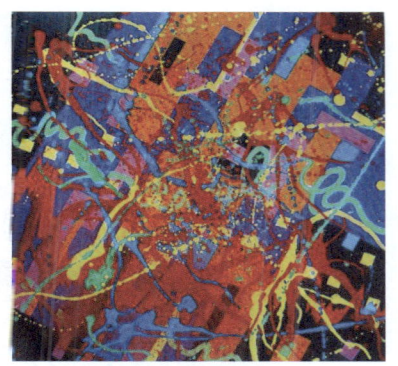

音乐节拍与色彩造型的对应构成　　　　　　色彩的音乐感

（7）色彩与味觉。

由于人们长期生活体验形成的经验积累，人们可以将味觉与食物的色彩对应。

（8）色彩与嗅觉。

嗅觉与色彩的对应和味觉与色彩的对应相似，只是气味的体验来源更广，远超过食物的范围。

（9）色彩与形状。

一般认为，红色圆润、饱满，类似圆形；黄色尖锐、明亮，类似三角形；蓝色平静、沉稳，类似方形。

另一方面，格式塔心理学认为色彩与形状对人视觉造成影响的方式并不完全一样："凡是富有表现性的性质（色彩性质，有时也包括形状性质），都能自发地产生被动接受的心理经验；而一个式样的结构状态，却能激起一种积极组织的心理活动（主要指形状特征，但也包括色彩特征）。"

（10）色彩的轻重感。

色彩的轻重感主要取决于色彩的明度变化，其次是纯度的影响。色彩的轻重感主要与色彩的明度有关。明度高的色彩使人联想到蓝天、白云、彩霞及许多花卉还有棉花、羊毛等，产生轻柔、飘浮、上升、敏捷、灵活等感觉。明度低的色彩易使人联想钢铁、大理石等物品，产生沉重、稳定、降落等感觉。

明度高的色彩感觉较轻　　纯度高，明度低的色彩配置感觉较重

(11) 色彩的柔软感与坚硬感。

其感觉主要也来自色彩的明度，但与纯度亦有一定的关系。明度越高感觉越软，明度越低则感觉越硬。明度高、纯底低的色彩有软感，中纯度的色也呈柔感，因为它们易使人联想起骆驼、狐狸、猫、狗等好多动物的皮毛，还有毛呢、绒织物等。高纯度和低纯度的色彩都呈硬感，如它们明度又低则硬感更明显。色相与色彩的软、硬感几乎无关。

较软　　柔软

较硬　　坚硬

(12) 色彩的空间感。

空间的概念在从事艺术设计的人的眼里有着特殊的理解，线、面、肌理、虚实、黑、白、灰、前后的叠压、大小变化等均是构成视觉空间的要素，而色彩通过其在空气中的辐射、吸收与反射，构成了视觉中的色彩空间。纯度的变化以及形的大小与疏密变化，造成纵深的空间感。

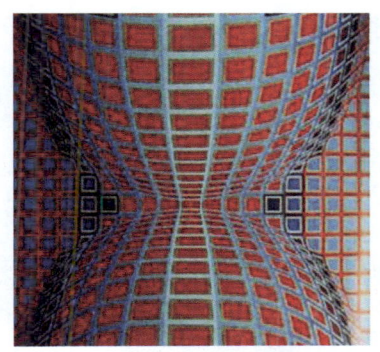

（13）色彩与季节。

色彩与季节有着密切的联系，季节的变化能给人们带来色彩方面的联想。

春、夏、秋、冬（董娅 摄）

练习

1.《色彩采集》制作

要求：收集一张具象图片（不同主题或者不同功能分区的园林图片）10 cm×10 cm，对原画面中色彩效果进行色彩提炼，并归纳在一张自主设计创意的画面中（抽象/具象）。注意主题色彩明确，色彩搭配合理。图片尺寸：10 cm×10 cm，作品尺寸：15 cm×15 cm。

色彩采集　李俊（指导：李珍林）

色彩采集　贾宇馨（指导：李珍林）

色彩采集　刘鑫（指导：康国珍）

色彩采集　李韵霞（指导：康国珍）

色彩采集　刘瑶（指导：康国珍）

色彩采集　杨雅婷（指导：康国珍）

2.《色彩象征》制作

要求：选择以下几组感受中的1组，用色彩表现出来，题材不限，风格不限，主题明确、有创意。作品尺寸：20 cm×20 cm。

① 酸 甜 苦 辣　　② 华丽 朴素 浪漫 时尚　　③ 清晨 中午 黄昏 夜晚
④ 少年 青年 中年 老年　　⑤ 春 夏 秋 冬　　⑥ 晴 多云 小雨 雪

春夏秋冬 郭林（指导：张晓鸥）　　　　古典 现代 质朴 浪漫 何爱玲（指导：李珍林）

春夏秋冬 苏悦（指导：李珍林）　　　　春夏秋冬 邓宇（指导：张晓鸥）

春夏秋冬　王芸（指导：张晓鸥）　　　　春夏秋冬 徐琳琳（指导：李珍林）

华丽 朴素 浪漫 时尚 腾跃珊（指导：康国珍）

春夏秋冬 黄彬彬（指导：康国珍）

春夏秋冬 杨芳（指导：康国珍）

春夏秋冬 杜雷（指导：康国珍）

少年 青年 中年 老年 陈曦（指导：康国珍）

春夏秋冬 张玉蝶（指导：康国珍）

晴天 阴天 雨天 雪天 熊燕（指导：康国珍）

春夏秋冬 杨雅婷（指导：康国珍）

春夏秋冬 曾蕾（指导：康国珍）

华丽 朴素 浪漫 时尚 李蓉（指导：康国珍）

项目六　三维空间造型训练

教学目标： 掌握三维空间造型中的点、线、面、半立体、块体构成
教学重点： 点、线、面、半立体、块体构成在景观设计中的实际运用
教学难点： 点、线、面、半立体、块体构成的设计方法与组合构成形式
课时： 20课时
授课场地： 多媒体教室

6.1　浮雕半立体图形训练

观察

现代景观设计不再是简单的挖池造景。仔细观察我们的生活，建筑外墙、窗棂、地面铺装、植物造景等很多地方都有浮雕半立体图形的身影。

观察，并非无中生有，而是善于发现、感受生活。不断地发现生活中值得注意的细节、从中提炼生活中的美。

香港迪士尼乐园入口绿植浮雕半立体图形设计（吴世丽　摄）

下篇 构成设计与运用

上海某酒店绿植浮雕半立体图形设计（吴世丽 摄）

上海街道浮雕半立体图形设计（吴世丽 摄）

成都宽窄巷子里浮雕半立体运用（吴世丽 摄）

上海俏江南餐厅外墙浮雕半立体设计（吴世丽　摄）

某建筑立面错落有致的浮雕半立体

上海街道浮雕半立体运用（吴世丽　摄）

思考

　　设计是思考的全部方式，有创造性的东西往往需要经过观察与积累，以及思考的雕琢才会诞生。我们在学会观察与感受生活后，才会去对某一个或多个对象进行分析、综合、推理、判断等思维活动。我们才会去推敲为何建筑外墙会选择浮雕半立体图形？为何运用这种方法？还可以运用其他的设计手法吗？有了这一系列的疑问与思索，我们开始本章的学习。

阐述

　　通过观察和思考，我们发现在我们园林景观中的小品、建筑外墙、城市设施等方面都会运用到浮雕半立体图形，浮雕半立体图形也是一种很好的让平面空间产生立体感觉的方式。

1. 定义

半立体构成也称"浮雕"，它是平面与立体之间的一种形态。半立体造型是以平面为出发点，然后将部分或全部突出平面空间，展现各种凹凸形体以及明暗视觉的效果（中式园林景观中的窗格、浮雕等）。

南京艺术学院教学楼建筑立面设计（吴世丽　摄）

凹凸空间感的建筑外墙设计

香港大学教学楼外立面设计（吴世丽　摄）

香港大学外墙景观设计（吴世丽　摄）

北京三里屯某建筑外观浮雕
半立体图形设计（吴世丽　摄）

上海世博会中国馆墙面浮雕
半立体图形设计（吴世丽　摄）

德国不莱梅某建筑浮雕半立体图形设计（吴世丽　摄）

德国某建筑大门浮雕半立体图形设计（吴世丽　摄）

2. 构成方法

具有平面感的面材（如纸张）变得具有立体感，是源自深度空间的增加。所以，半立体的主要构成方法是用纸张为材料，进行折叠、弯曲、切割。当然，如果采用其他材料，则可用更多的方法，比如石膏就可以采用模制的方法。

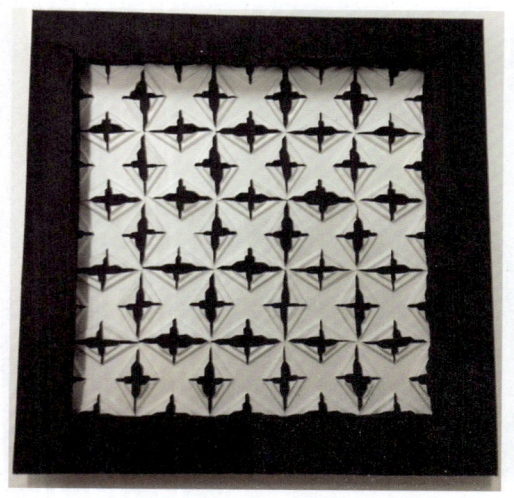
浮雕作业一（成都艺术职业学院环境艺系学生作业）

浮雕作业二（成都艺术职业学院环境艺系学生作业）

浮雕作业三（成都艺术职业学院环境艺系学生作业）

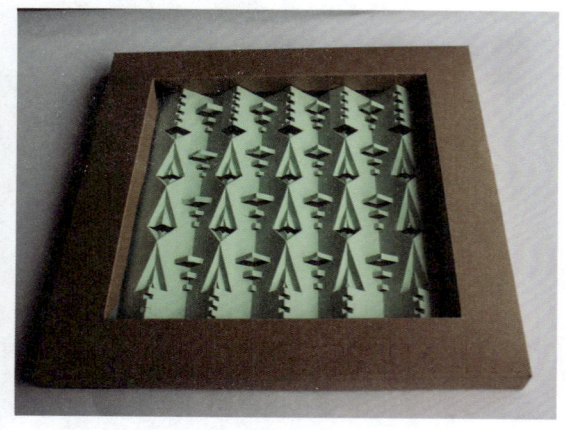
浮雕作业四（成都艺术职业学院视传艺系学生作业）

浮雕作业五（成都艺术职业学院视传艺系学生作业）

浮雕作业六（成都艺术职业学院视传艺系学生作业）

利用纸的多刀多折、重复式和骨骼处理构成的富有立体感和视觉感的浮雕半立体图形作品。

下篇　构成设计与运用

浮雕作业七（成都艺术职业学院视传艺系学生作业）

浮雕作业八（成都艺术职业学院视传艺系学生作业）

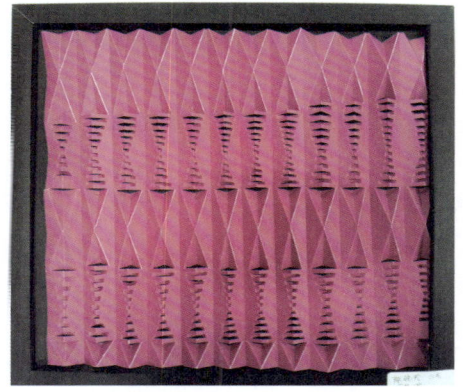

成都农业科技职业学院　陈晓玲

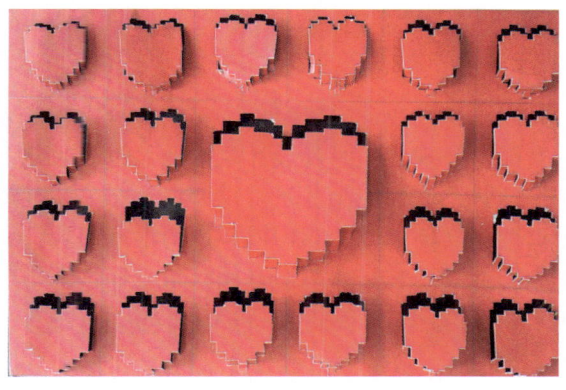

成都农业科技职业学院　郭文豪

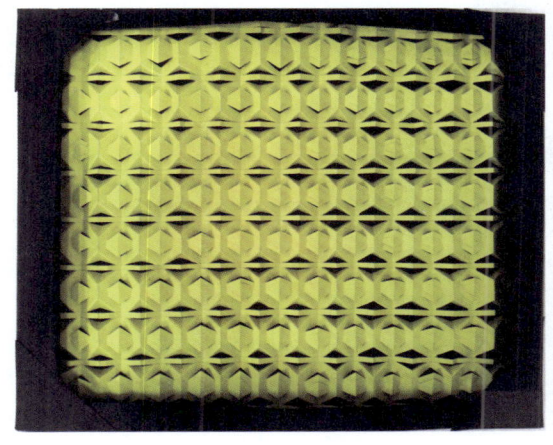

成都农业科技职业学院　李俊

成都农业科技职业学院　何双

这是利用纸的多刀多折和恰当的色彩组合搭配以及重复式处理构成的富有立体感和视觉感的浮雕半立体图形设计作品。

练习

1. 寻找生活中的浮雕半立体图形

记录并整理在校园或者是城市景观中你所看到的浮雕半立体图形，4人一组，每组同学以演示文稿形式汇报所整理的浮雕半立体图形的形式、材质、质感、特点、制作方法。每组图片不少于40张，时间控制在5～10分钟。

2. 浮雕半立体图形设计与制作

单体的制作。

运用一刀多折、两刀多折、多刀多折、不切多折等办法临摹与再设计。在10 cm×10 cm的卡纸或其他特种纸上进行设计表达。注意体现主要特征，有统一基调。制作线条挺拔流畅、造型美观。要求制作模仿2个，结合本专业再设计3个。

6.2 景观艺术设计中的点、线立体构成

观察

城市进入快速发展时期，人们在注重生活水平不断提高的同时也注重追求精神的富足。追捧简洁、现代、时尚设计风格的人也越来越多，所以现代景观也逐渐出现。仔细观察我们的生活，不论住宅小区景观设计、生态公园规划或是绿植的栽植与布局规划，我们都不难发现点、线立体构成。它们以新颖的形式出现、营造空间氛围、增强现代设计感，给我们带了全新的视觉感受。让我们首先观察立体构成中最基本形的表现形式。

香港迪士尼乐园入口绿植点构成设计（吴世丽　摄）

荷兰 saxion university 入门点构成设计作品（吴世丽 摄）

荷兰海牙街头点构成设计雕塑（吴世丽 摄）

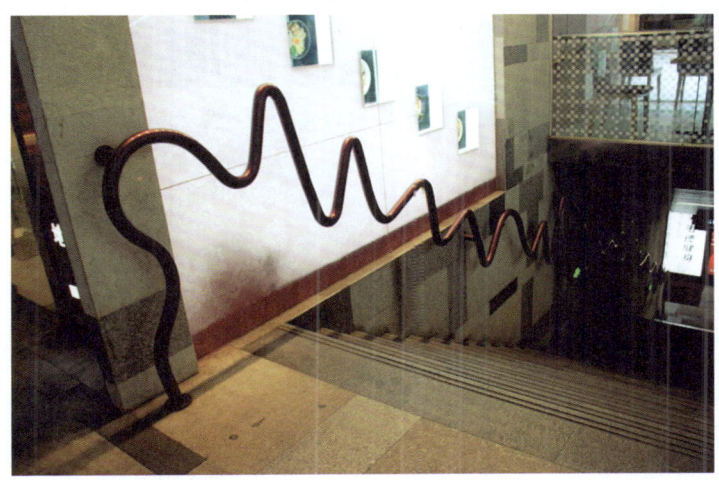

上海某地铁站入口线构成设计（吴世丽 摄）

思考

  作为设计师,要善于发现大自然的造型形态里潜在的各种形式要素,体验美感和力量感。为什么点和线立体是构成中最基本的要素?点、线之间有什么联系?它们可以带来什么不一样的视觉感受?带着这样的疑问展开这一个章节的全新学习。

阐述

  通过观察和思考,我们发现在园林景观中的道路地面铺装、环境设施、景观小品、建筑外墙、甚至植物栽植、水景表现都运用了点、线立体构成。

一、点(立体)

  点作为一个最基本的空间构成要素,传达给人以强调突出之感。在构图中一般被认定是只具有位置而没有大小的视觉单位,但点的视觉功能感知,要视其所处的具体环境加以确定,否则就失去了它的性质属性。

  景观中的点状元素既是一般形态中具有形态的个体,又是具体的景观物质元素(例如景观小品、景观建筑等),也是景观的中心、焦点、重点。因此,我们可以利用电的独特性和聚焦性,设定出景观区域的焦点和中心,创造出景观的空间美感和主题意境。

成都宽窄巷子某墙面点立体构成设计(吴世丽 摄)

下篇　构成设计与运用　　139

法国卢浮宫园林绿植点设计（吴世丽　摄）

西班牙 Casa Mila 大门点立体构成设计（吴世丽　摄）

荷兰库肯霍夫公园墙面隔断点构成设计（吴世丽 摄）

德国不莱梅某建筑外观点立体构成设计（吴世丽 摄）

德国不莱梅某建筑外观点立体构成设计（吴世丽　摄）

德国不莱梅街头点立体构成设计（吴世丽　摄）

二、线（立体）

1. 线的定义及形态

线与点一样广泛存在于自然形态和人为装饰之中，处处被人感知、被人应用。不同形态的线具有不同的性格，在空间的效果上也能给人以远近、退缩之感；不同形态的线具有不同的象征性，在视觉上给人以不同的坚毅、柔美之感。水平线具有平衡、延伸之感；垂直线具有挺拔、向上之感；倾斜线具有指向、失重之感；几何曲线具有规整、精确之感；自由曲线具有韵律、节奏之感。

线比点更具有方向和力的蕴涵。在景观中，常用直线的对比来进行调和补充，常用曲线来表现自然的形态。景观中的现状要素贯穿全局、统筹全局、联系全局。河道、园路或直或曲，林缘线、建筑轮廓线或柔或刚。没有"线"就谈不上景观的造型与构图。

上海某线立体设计（吴世丽　摄）

上海世博会时间轴线立体设计（吴世丽　摄）

英国伦敦某地铁入口公共设施线立体设计（吴世丽　摄）

下篇 构成设计与运用

里斯本某公共设施线立体设计(吴世丽 摄)

北京三里屯某线立体雕塑设计(吴世丽 摄)　荷兰Deventer市中心环境设施线立体设计(吴世丽 摄)

英国伦敦某建筑外观线立体设计（吴世丽 摄）

希腊奥林匹克公园环境设施线立体设计（吴世丽 摄）

某公共环境设施线立体设计

2. 构成方法

（1）框架构成。

框架结构是独立线框的空间组合，由于框架结构是直接显露结构关系，从而可以呈现出一定的力度感和形式美以及对空间的诠释。

（2）垒积构成。

把线材质相互重叠来制造立体构成，成为垒积构造。创作是为方向可以从叠加节点的有规律移动和硬线材的长短变化考虑。

（3）旋转排出构成。

将硬线材按照一定规律旋转移动做有秩序的排列，会产生相应的曲面效果，具有很强的韵律感和秩序感。旋转移动要注意规律性和秩序性的要求。

（4）自由线体构成。

除了严谨秩序规律的线立体构成方式外，利用线的方向指示特性，对硬线材进行自由、无序构成，能产生生命力、灵动、活泼的效果。

点立体作业一（成都艺术职业学院环艺系学生作业）

点立体作业二（成都艺术职业学院环艺系学生作业）

点立体作业三(成都艺术职业学院环艺系学生作业)

点立体作业四(成都艺术职业学院环艺系学生作业)

点立体作业五(成都艺术职业学院视传系学生作业)

点立体作业六(成都艺术职业学院视传系学生作业)

线立体作业一(成都艺术职业学院环艺系学生作业)

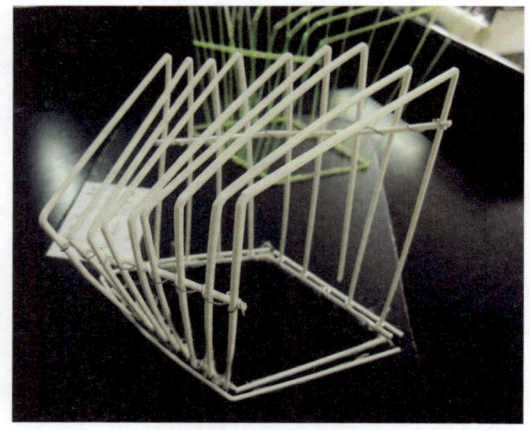
线立体作业二(成都艺术职业学院环艺系学生作业)

下篇　构成设计与运用　147

线立体作业三（成都艺术职业学院环艺系学生作业）

线立体作业四（成都艺术职业学院环艺系学生作业）

线立体作业五（成都艺术职业学院视传系学生作业）

线立体作业六（成都艺术职业学院视传系学生作业）

线立体作业七（成都艺术职业学院视传系学生作业）

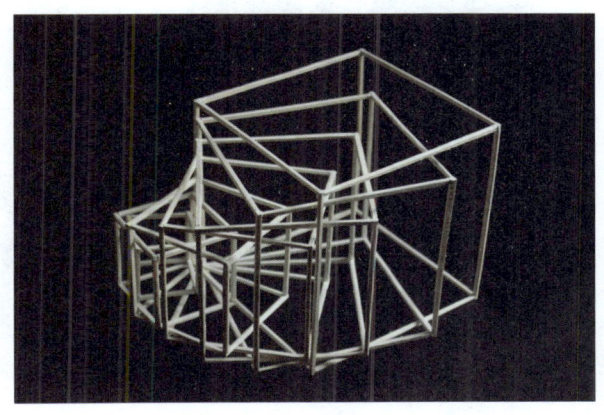
线立体作业八（成都艺术职业学院视传系学生作业）

线立体作业九（成都艺术职业学院视传系学生作业）　　线立体作业十（成都艺术职业学院环艺系学生作业）

练习

1. 寻找生活中点、线立体构成

试着在自己专业领域内发现哪些物体更倾向于用点、线立体的形式进行创意表达，4人一组，每组同学以演示文稿形式汇报所整理的点、线立体的形式、材质、质感、特点、制作方法。每组图片不少于40张，时间控制在5～10分钟。

2. 点的立体构成设计

（1）选择恰当的材料与恰当构成形式设计表现点立体构成的作品一组。

（2）形式考究、比例恰当。

（3）与本专业联系紧密、附带相应的草图与设计说明。

 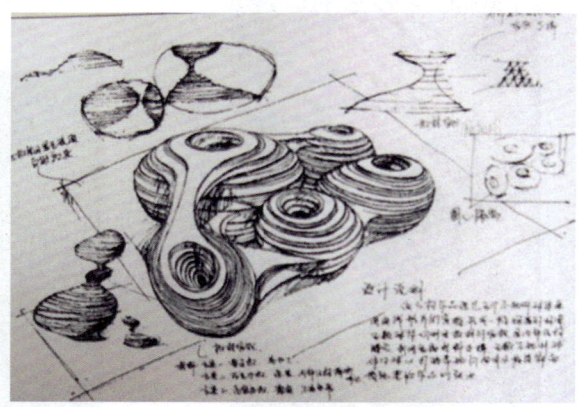

3. 线的立体构成设计

（1）选择恰当材料设计制作线立体作品一个或一组。

（2）具有强烈的设计感、体量感、形式感。
（3）与本专业联系紧密、附带相应的草图与设计说明。

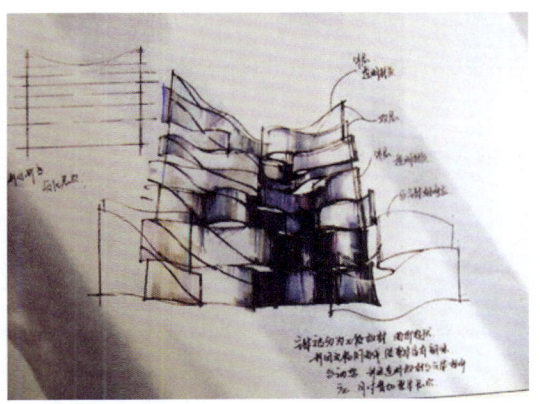

6.3 空间面的分割设计制作

观察

面是围合空间的手段，大地表面扮演着地平面的角色。景观中的面状要素包括水面、场地、草坪、树林、建筑群、园路及场地的铺装，利用点、线的组合形式形成各种各样的平面图案，或构成各种各样的景观表现形式。

北京798艺术园区广场设计（吴世丽　摄）

上海某广场设计(吴世丽 摄)

上海同济大学校门入口广场设计(吴世丽 摄)

北京三里屯阿迪达斯建筑立面设计(吴世丽 摄)　　北京大学建筑外观面立体设计(吴世丽 摄)

思考

　　景观设计中的面是造园规划设计中最为常用的手法之一，面的使用是自由的、活泼的、无约束的。各种形式的多边形、不规则形，将其进行不同方式的组合或层叠或相接，其表现力是异常丰富的。

上海某广场景观立面设计（吴世丽　摄）

北京798艺术园区广场设计（吴世丽　摄）

葡萄牙某商场外观立面设计（吴世丽　摄）

葡萄牙街道景观立面设计(吴世丽 摄)

荷兰 ZWOLLE 街道面立体设计(吴世丽 摄)

荷兰库肯霍夫公园面立体设计(吴世丽 摄)

阐述

面材料具有很好的空间分割能力和良好的形体塑造能力。现实生活中的建筑物、景观小品等都证明了面材料的这一特性。面作为构成空间的基础之一，具有强烈的方向感，面的不同组合方式可以构成千变万化的空间形态。

一、面的空间分割的设计与制作

在立体构成要素中，空间是一个非常重要而又常常容易被忽略的要素。

1. 空间的分类

（1）物理空间，是指物质形态所限定的空间，即物质形态存在的形式（通常物理空间也称"实空间"）。物理空间是依靠物质形态的长度、宽度和深度来表达，并与物质形态一样客观存在。

（2）心理空间，也称"虚空间"，是指空间的心理感受（即空间感）。心理空间是人们对空间概念的宽泛意义上的联想。

2. 空间的性格

空间的性格是空间给人的生理和心理上的反应。任何一个点、线、面、体构成的空间，由于各种素材不同、形状不同、比例、造型、色彩、材料、光源等视觉要素相互关联、相互影响，形成各种不同性格的空间。

（1）亲密性与私密性。

延展舞台、卧室、隐蔽的后院、展示设计和小型专卖店、酒吧、中式园林。

（2）不定性。

不定性的空间具有无拘无束的构思，在空间中表现为体积不定，空间边缘不定，空间组合叠加交错，穿插变化，模糊不清。中国传统建筑中的门窗棂花之间、会展中心的设计均能体现这一特性。

（3）冥思性。

中国佛寺、宫殿、西方教堂（表现信仰者对"天国"的向往）。

（4）男女性。

美容院、服饰店。

（5）内向性和外向性。

封闭空间、开敞空间。

除此之外，空间还具有温暖、寒冷、明亮、黑暗、优美、古朴等特点。运用不同的方式（造型和材料），都会使人们在心理和生理上产生不同的反应。

3. 空间形态的造型

从平面造型意识到立体造型意识，是人类认识上的一次飞跃。而从立体造型意识到空间造型意识，则是认识上的又一次飞跃。空间形态的造型，是通过立体形态对它的限定来完成的。根据立体形态对空间限定的形式不同，我们可以将空间形态的造型分为中心限定、水平限定、垂直限定以及内外限定。

（1）空间的中心限定。在中心限定的过程中，实体不分割空间，只形成注意中心。

中心限定的实体体量越大,作用越强,因而引起关注的程度也越大。

① 直立式空间限定。实体直接接触地面的中心限定,称为"直立式中心限定"。这类中心限定能给人稳定、庄重、雄伟、挺拔之感,常常被用于纪念碑、神庙圆形舞台等的设计上。

② 悬吊式中心限定。实体被悬吊起来而不直接接触地面的中心限定。往往要借助于其他实体才能固定。

(2)空间的水平限定。空间的横向分割方式称为空间的水平限定,如吊顶、藤架、凉亭等。

(3)空间的垂直限定。纵向分割空间的方式,称之为"空间的垂直限定",具有一定的流动感、方向感、导入感以及透视效果,如柱廊、过道、四合院、天井。

(4)内外空间的限定。实体限定(包围)的空间有内、外之分,因而我们又可以把空间分为内空间和外空间,如凉亭、包厢、监狱、学校等。

4. 常见空间类型

(1)封闭空间。

具有内向性,隔离性强,领域性强,从视觉、听觉、心理感觉上都有很强的隔离性。

(2)结构空间。

通过对结构的外露部分观赏,来领悟结构构思及施工技艺所形成的空间美的环境,如机场、廊架等。

(3)开敞空间。

外向性的,限定和私密度较小,强调与周围环境的交流渗透,讲究对景、借景,与大自然及周围空间的融合。

(4)虚拟空间。

心理空间的一种,没有十分完备的隔离形态,也缺乏较强的限定性,依靠联想和"视觉完形性"来划定空间,所以称为"心理空间",通常借助隔断、家具、陈设、绿化、照明、色彩等来达到效果。

(5)影像空间。

通常所说的"心理空间",也是虚空间。简单地说,不是把物体置入其中的空间,而是通过镜面、不锈钢、水面等具有反射能力的材料来塑造空间关系,增大实际不能扩大的空间。扩大心理空间,丰富狭窄空间。

(6)母子空间(大空间中的小空间)。

母子空间是对空间的二次限定,在原空间中,用实体或象征手法再限定出的小空间。

(7)外凸空间。

利用室外空间,很好的与建筑结合,视野开阔。

(8)渗透空间(半通透空间)。

渗透空间实际是一种调和围闭和开敞矛盾的手段。渗透空间有利于光照共享、声音传递及空间通风,如中国园林中的镂空窗格、餐厅卡座等。

5. 面(面材)的设计与制作

(1)面的层排。面材本身具有面积但比较薄,对空间占有较少,体量感弱。然而,通过较多面材的堆积、重叠,可以得到具有一定体感的体块(一张纸很薄,几十上百张纸叠在一起是本书,几本书叠在一起就有体量了)。利用面材重叠间距空间的可变性,按一定比例有秩序地排列面材，即构成一个新的形态。这就是面的层排构成方法。

造型手法：改变面材的基本形态，如直面、曲面、折面以及面的不同形状，使面的层排构成更加丰富。改变面材与面材间的距离变化，排列距离是虚空间的变量设计。最后也可以运用不同的渐变、重复、发射的形式排列面材，产生丰富的层排形式。

（2）连续面的造型。面被折叠、弯曲、翻转，从而成为自由的或有秩序的，且具有连续意义的形态。

造型手法：折面结构（将面进行连续地横向或纵向地折弯以增加强度）。

壳体结构（面被加工成曲面或双曲面）。

切割翻转（将面切割成环状或带状，然后进行翻转）。

（3）单元面的组合造型。单元面的组合造型，是指通过单元面（形状、大小的重复或渐变）的平行排列、纵向插接以及自由组合而产生的形态。

造型手法：采用比较简洁的单元面，构筑成十分复杂的立体形态。即可以组合层复数体（相同单元的造型），也可以组合成复合体（不同单元的造型）。

（4）插接结构。将两块面材各自切割后插接在一起，形成较稳定的立体结构，称为插接结构。这种结构便于拆装。

（5）折板结构。在平面上做平行线，每隔一条线折成凸起或凹陷，高低起伏的形态，便成为简单的折板结构。

特点：① 产生或增强立体感；② 面材经过折叠，强度得到提高。

空间面分割设计作业一
运用立体构成的的基本元素，在水平方向上采用垂直交错，营造出错落有致的空间形态。
（成都艺术职业学院环艺系学生作业）

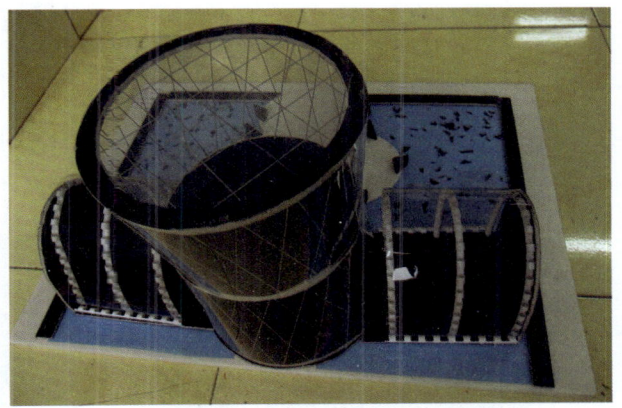

空间面分割设计作业二
构成匿柱体混合空间及造型，经过穿插等组合成具有实际意义的的空间造型及形态。
（成都艺术职业学院环艺系学生作业）

空间面分割设计作业三
（成都艺术职业学院环艺系学生作业）

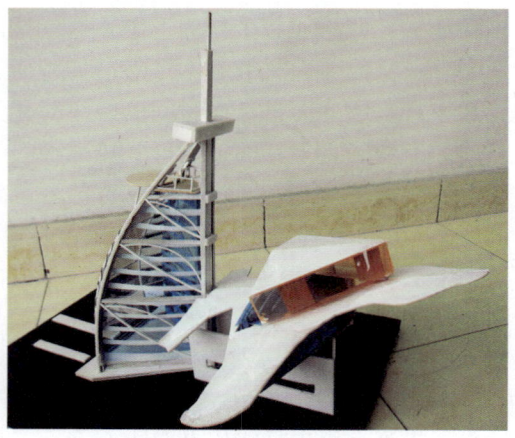
空间面分割设计作业四
（成都艺术职业学院环艺系学生作业）

空间面分割设计作业五
（成都艺术职业学院环艺系学生作业）

空间面分割设计作业六
（成都艺术职业学院环艺系学生作业）

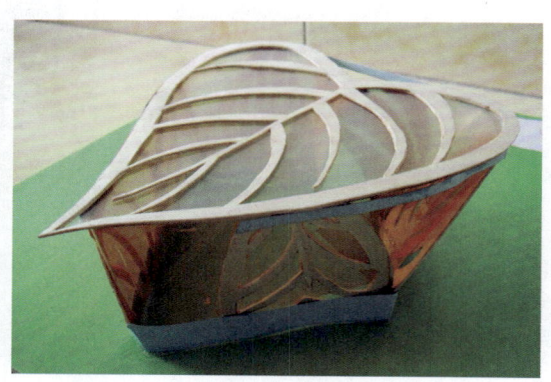
空间面分割设计作业七
（成都艺术职业学院环艺系学生作业）

空间面分割设计作业八
（成都艺术职业学院环艺系学生作业）

空间面分割设计作业九
利用曲面来暗示空间的存在，借助立体构成的构成元素通过不同的角度围合，
营造出不同空间层次感，形成视觉美感。
（成都艺术职业学院环艺系学生作业）

练习

1. 寻找生活中的空间面分割设计

记录并整理在校园或者是城市景观中你所看到的空间面分割设计，4人一组，每组同学以演示文稿形式汇报所整理的空间面分割设计的形式、材质、质感、特点，分析其立体构成的构成元素，每组图片不少于40张，时间控制在5~10分钟。

2. 空间面的分割练习

要求空间分隔和组合，在水平方向上采用垂直面交错配置形成空间在水平方向上的穿插交错。在垂直方向上，则打破上下对位，创造出上下交错覆盖、相互穿插的立体空间。注意处理好比例、秩序等形式美感和结构的合理性。

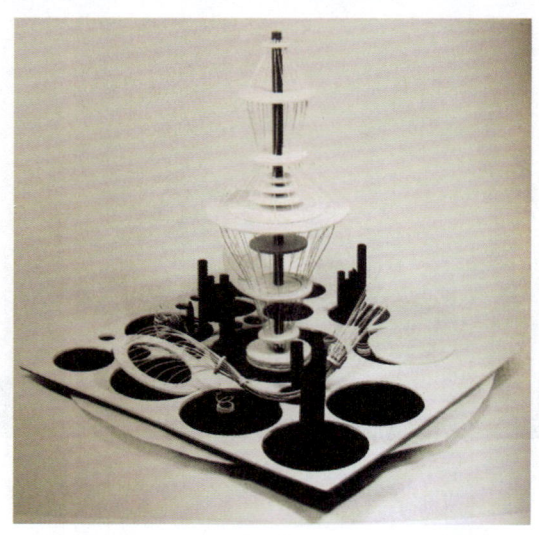

3. 空间面的围合、分隔的构想

要求借助立体构成的构成元素，通过不同角度的围合，营造出不同空间的层次感，形成视觉美感，创造出紧张感，强化进深，创造出空间流动感。

6.4 雕塑中块立体消减和添加的设计与制作

观察

现代景观设计中，雕塑不再仅仅是环境中的装饰物，也不再仅是点缀在园林景观中的艺术品。大尺度感和大体量的雕塑艺术作品逐渐成为景观的主题。现代景观设计中，造型简单的几何造型雕塑或小品的印迹随处可见。这些大尺度感和大体量的几何雕塑通常运用圆、椭圆、方形、三角形等简单的几何形状作为母体进行重复、交叉和重叠，创造出一个充满美感、悟性和体验丰富的景观环境。

梵蒂冈广场雕塑块立体设计（吴世丽 摄）

布鲁日雕塑块立体设计(吴世丽 摄)　　荷兰库肯霍夫公园雕塑块立体设计(吴世丽 摄)

德国不莱梅广场雕塑块立体设计(吴世丽 摄)

葡萄牙某广场雕塑块立体设计(吴世丽 摄)　　清华大学广场雕塑块立体设计(吴世丽 摄)

清华大学广场雕塑块立体设计（吴世丽 摄）

思考

黑格尔在《美学》中提到："艺术家不应该先把雕刻作品完全雕好，然后再考虑把它摆放在什么地方，而是在构思时就要联系到一定的外在环境和它的空间形式和地方部位。"这一点充分说明了雕塑艺术和景观艺术的交融关系不断深化、相辅相成。在我们刚开始学习和设计中，该如何选择简洁饱满的几何形体或是充满力量的线条，运用怎样的和谐比例关系、精确的空间尺度感、体量感或是情感体验进行塑造，让我们带着这样一些的问题展开本阶段的学习。

成都某公园块立体设计（吴世丽 摄）

南京艺术学院雕塑块立体设计（吴世丽 摄）

荷兰库肯霍夫公园雕塑块立体设计（吴世丽 摄）

荷兰库肯霍夫公园雕塑块立体设计（吴世丽 摄）

荷兰 Deventer 广场雕塑块立体设计（吴世丽 摄）

德国不莱梅雕塑块立体设计（吴世丽 摄）

北京某广场雕塑块立体设计（吴世丽　摄）

荷兰海牙雕塑块立体设计（吴世丽　摄）

成都宽窄巷子雕塑块立体设计（吴世丽 摄）

香港迪士尼乐园绿植雕塑块立体设计（吴世丽 摄）

香马来西亚沙巴购物中心设计（吴世丽　摄）　　　　　法国卢浮宫设计（吴世丽　摄）

荷兰库肯霍夫公园展览设计（吴世丽　摄）

荷兰库肯霍夫公园雕塑块立体设计(吴世丽 摄)

荷兰库肯霍夫公园雕塑块立体设计(吴世丽 摄)

荷兰库肯霍夫公园绿植块立体设计(吴世丽 摄)

维也纳某广场塑块立体设计(吴世丽 摄)

阐述

块立体造型是最基本的表现形式，它是具有立体感、空间感和量感的实体，是最能有效表现空间立体的造型。块材可分为几何平面体、几何曲面体、自由体和自由曲面体等。块材基本构成方式是切割消减和组合添加，在现实创作中常以这两种形式结合，追求形体的刚直曲直、长短、变化的快慢、缓急，空间的虚实对比等，以创造出理想的立体空间。

1. 块立体的设计与制作

（1）几何转型。

在几何体的基础上延伸造型方案，建立逻辑思维的创意构架。

（2）单体造型规划设计。

2. 块立体基本的造型方法

（1）切割消减。

块体切割消减是指对整体形体进行多种形式的挖切、分割，去掉与设计部相吻合的多余形体，以呈现要表达所需的形体。这种造型加工方法可以理解为是通过对已存在形体的切削处理，以增加凹凸或减少凹凸来创造出新造型。

① 立方体直线切割：在正方形的立体块材上，进行宽窄不同的垂直和水平方向的切割，会产生多种造型。经过切割后的形体，可形成大小、薄厚、高低错落的对比变化。

② 直线斜向切割：切割后所成的形体，可呈现为不等边三角形、梯形等各种造型。

③ 立方体曲线切割：经过曲线切割的形体，会呈现出几何曲面的效果，可表现曲面与平面的对比，增强形体变化的美感。

④ 曲面立体的直线切割：可在圆柱、圆球或圆锥形体上，进行垂直、斜向或回旋切割，形成曲面与平面的对比。

（2）组合添加。

组合添加是用已有基本造型单位，如集合体、现存物品、生活废弃物等进行构成组合，创造新造型的一种造型手段。并不是要求挖空心思去塑造或做出一个从无到有的造型，而是通过对现成单体进行挑选、构思、安排，把原单体失去其原有的独立内容，成为统一造型语言中的一部分。经过不同形式的组合，一方面丰富了原有形态，另一方面增大了原有形态的外部尺度，加强了立体视觉效果。

① 重复形、相似形的积聚。

重复不仅使形体产生一种律动的感受，而且有规律的间隔重复表现，使立体形象具有强调的特性。这里的重复除了同一的单元形重复，还包括各种变体，如渐变形、相似形，它们在方向、组织以及形体间的连接等方面的变化，丰富了积聚后的立体形象。

② 对比形的积聚。

对比形的积聚不同于重复形或相似形的积聚，它是一种更为自由的形式，主要培养平衡感觉。对比的范围很广，主要有形状、大小、动静、垂直于水平、多少、粗细、疏密、轻重等。可以按中轴线将对比形积聚成完全均齐形，创造出生动而庄重的感觉，更可以创造出从各方面看来都是自由的、均衡的形体，产生明朗、悦目的视觉效果。

（3）变形。

变形的目的是为了让立体形态更为丰富，使简单形态变为复杂的形态。

① 扭曲：将单体进行不同程度的弯曲与扭转。

② 膨胀：选择伸缩性比较好的材料，采用注水或者充气等方法使其胀大。

③ 倾斜：将单体倾斜的摆放，或呈对角线摆放，或呈平行斜线地摆放。

块立体作业一（成都艺术职业学院环艺系学生作业）

块立体作业二（成都艺术职业学院环艺系学生作业）

块立体作业三（成都艺术职业学院环艺系学生作业）

下篇　构成设计与运用

块立体作业四（成都艺术职业学院环艺系学生作业）

块立体作业五（成都艺术职业学院环艺系学生作业）

块立体作业六（成都艺术职业学院环艺系学生作业）

块立体作业七（成都艺术职业学院环艺系学生作业）

块立体作业八（成都艺术职业学院环艺系学生作业）

块立体作业九（成都艺术职业学院环艺系学生作业）

块立体作业十(成都艺术职业学院环艺系学生作业)

块立体作业十一(成都艺术职业学院环艺系学生作业)

块立体作业十二(成都艺术职业学院环艺系学生作业)

块立体作业十三（成都艺术职业学院环艺系学生作业）

块立体作业十四（成都艺术职业学院环艺系学生作业）

练习

1. 寻找生活中的雕塑块立体

记录并整理在校园或者是城市景观中你所看到的雕塑块立体，4 人一组，每组同学以演示文稿形式汇报所整理的雕塑块立体的形式、材质、质感、特点，分析其立体构成的构成元素，每组图片不少于40张，时间控制在5~10分钟。

2. 立方体的遐想

雕塑块立体——关于方形加法与减法的体会设计。

要求：以一个方形为基本单位，由上述多个相同体块按加法或减法造型排列组合，主要通过对方形的位置、数量、方向的变化，来获得整体形态的变化，体会单体之间贯穿连接的整体性、协调性，体会空间感、立体感、力量感。

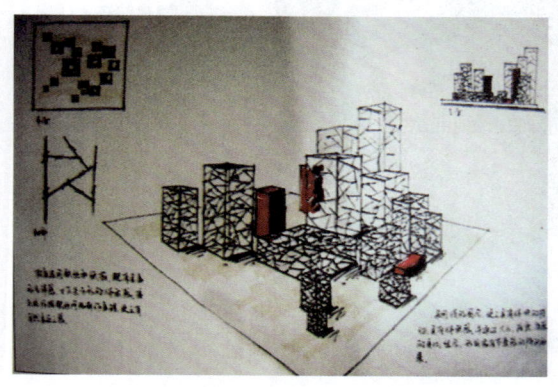 

3. 空间组合的构想

要求：运用15 cm×15 cm的立方体，通过切削、穿插、凹凸等方法表现空间的分隔关系，也暗示出多个空间的存在，创造丰富的空间层次。采用体量对比、形状对比、方向对比等空间组合形式，探究更多空间构成的组合。

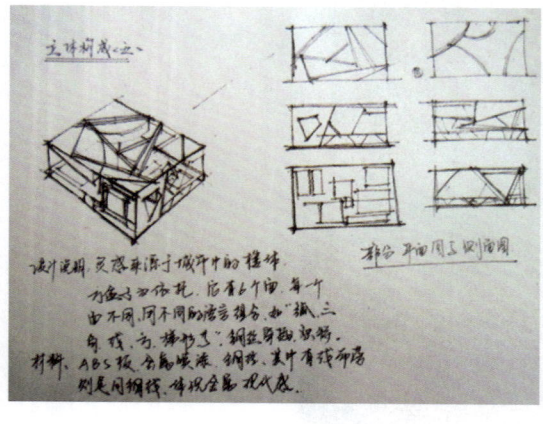 

参考文献

[1] 《教学对话》编委会. 素描几何体专题. 南昌：江西美术出版社，2011.
[2] 张恒国. 素描基础教程. 北京：化学工业出版社，2012.
[3] 舒泳涛，蒋鹏. 平面构成. 北京：人民美术出版社，2012.
[4] 王力强. 平面构成. 重庆：重庆大学出版社，2005.
[5] 肖虎. 平面构成. 北京：中国传媒大学出版社，2010.
[6] 赵国志. 色彩构成. 沈阳：辽宁美术出版社，1989.
[7] 宋扬. 立体设计. 沈阳：辽宁美术出版社，2009.
[8] 曹宏岗，高黎. 立体构成. 南京：南京大学出版社，2010.
[9] 魏婷. 立体构成. 重庆：西南师范大学出版社，2006.
[10] 周玲. 三维形态构成. 长沙：湖南美术出版社，2010.
[11] 余昌冰，廖雨注. 立体构成. 武汉：湖北美术出版社，2009.
[12] 袁华祥，袁勇. 雕塑语言在景观设计中的运用. 艺术与设计（理论），2010，07.
[13] 佟敏. 立体构成在现代景观中的表现——以玛莎·施瓦茨作品为例. 艺术与设计（理论），2010，12.
[14] 朱琳，宋磊. 线的特质与园林景观设计. 中国农学通报，2010，26（6）.
[15] 王郁新. 园林景观构成设计. 北京：中国林业出版社，2010.